Dr. Chhabi Garai
Chandana Pramanik

Ciência e Inovação, Volume-1

Dr. Chhabi Garai
Chandana Pramanik

Ciência e Inovação, Volume-1

Artigos de revisão sobre diferentes disciplinas da ciência

ScienciaScripts

Imprint

Cover image: www.ingimage.com

This book is a translation from the original published under ISBN 978-620-7-47502-5.

Publisher:
Sciencia Scripts
is a trademark of
Dodo Books Indian Ocean Ltd. and OmniScriptum S.R.L publishing group

120 High Road, East Finchley, London, N2 9ED, United Kingdom
Str. Armeneasca 28/1, office 1, Chisinau MD-2012, Republic of Moldova, Europe
Printed at: see last page
ISBN: 978-620-7-80265-4

Conteúdo

Este livro é dedicado aos nossos queridos pais

Sobre o livro

O livro intitulado **"Ciência e Inovação, Volume 1"** é uma coletânea de diferentes temas da ciência. Contém seis capítulos. O primeiro capítulo é "Organic Solar: A Review on Recent Trends of Development to commercially viable source of renewable energy"; segundo capítulo "Irradiation effects on physical and chemical properties of polymer electrolytes"; terceiro capítulo "discussion of the flow of oldroyd fluids"; quarto capítulo "Examining Key Concepts of Parallel Databases: Theories, Structures, and Enhancement "; quinto capítulo "Review on Some Important Imidazole Base Anti - Cancer Agent"; o capítulo seis é "Microplastic: An Emerging Threat to Environment and its mitigation Processes" (Microplástico: uma ameaça emergente para o ambiente e os seus processos de atenuação), que aborda a origem e os efeitos nocivos da poluição por microplásticos e os seus processos de atenuação.

Prefácio

É com muito orgulho e prazer que apresentamos a todos o livro editado intitulado "**Ciência e Inovação, Volume 1**". Este livro é uma coletânea de vários tópicos sobre ciência e foi editado com êxito pelos Drs. Chhabi Garai e Chandana Pramanik. A ideia deste livro surgiu inicialmente do desejo de dar uma oportunidade aos investigadores de várias disciplinas científicas de apresentarem o seu trabalho numa única plataforma. Trata-se de uma compilação dos trabalhos de investigação efectuados por vários cientistas de todo o mundo.

Neste livro, pretendemos abranger o desenvolvimento das energias renováveis, a forma como as propriedades extra incorporadas nos polímeros, as velocidades de dois fluidos imiscíveis foram obtidas sonda ativa anti-cancro, que são a área mais importante da ciência. O livro visa domínios diversificados que vão desde os princípios básicos de bases de dados paralelas a nanomateriais, química heterocíclica, química verde, sensores e polímeros. Este livro fornece pesquisas sobre novas metodologias, juntamente com métodos existentes e aplicações importantes na ciência. Os autores deram o seu melhor para destacar as tendências actuais da investigação nas várias disciplinas da ciência. Neste livro, Biswajit Halder discutiu sobre as tendências recentes de desenvolvimento de fontes comercialmente viáveis de energia renovável. O Dr. Pradyot Nanda também falou sobre os efeitos da irradiação nas propriedades físicas e químicas dos electrólitos poliméricos. Destaca que a radiação ionizante produz alterações em várias propriedades dos polímeros e é uma técnica útil para os modificar. Soumen Banerjee explica o escoamento de dois fluidos imiscíveis de Oldroyd através de um meio poroso num tubo retangular retilíneo através de um modelo. Rupali Banerjee analisou os conceitos-chave das bases de dados paralelas: teorias, estruturas e melhoramento. Chandana Pramanik fez uma revisão sobre alguns importantes agentes anticancerígenos à base de imidazol e, por fim, o Dr. Chhabi Garai ilustra a poluição por microplásticos, que constitui uma ameaça emergente para o ambiente, e indica também os seus processos de atenuação.

Finalmente, é uma tarefa agradável registar os nossos agradecimentos e Agradecimentos. Gostaríamos de estender os nossos sinceros agradecimentos aos amigos, familiares e colegas que nos ajudaram na preparação deste livro. Estamos profundamente gratos a numerosos professores e cientistas de várias faculdades e institutos em todo o país e no estrangeiro pelas suas amáveis comunicações, contribuições e sugestões atenciosas para a preparação e melhoria do livro.

Transmitimos os nossos sinceros agradecimentos ao Dr. Sukumar Chandra, Diretor, Pingla Thana Mahavidyalaya e ao Dr. Somnath Mukhopadhyay,

Diretor, Dinabandhu Andrews College e a todas as partes interessadas de ambas as instituições.
Agradecemos especialmente a todos os membros da editora Lambert Academic, que nos deram a oportunidade de preparar este livro em termos científicos, conforme necessário para o cenário alterado da investigação.
Consideraremos o nosso trabalho amplamente recompensado se o livro merecer o apreço dos seus utilizadores. As sugestões, críticas e comentários para melhorar o livro são bem-vindos. Concluímos com a modesta esperança de que, apesar das insuficiências, este livro possa despertar o interesse da geração jovem pelo domínio da investigação científica.
Dr. Chhabi Garai e Chandana Pramanik

Sobre os editores

A Dra. Chhabi Garai é atualmente professora assistente no Departamento de Química, Pingla Thana Mahavidyalaya, Maligram, Paschim Medinipur, Bengala Ocidental, Índia. Tem 13 anos de experiência de ensino a nível universitário. Obteve a licenciatura em Química em 2005 no Colégio de Mulheres Raja N.L.Khan, Universidade de Vidyasagar, Bengala Ocidental, Índia e o mestrado em Química Orgânica em 2007 na Universidade de Vidyasagar, Bengala Ocidental, Índia. Recebeu o grau de doutoramento da Universidade de Vidyagar no ano de 2020. As suas actividades de investigação centraram-se principalmente na extração de triterpenóides naturais de plantas e estudaram as suas propriedades de auto-montagem, síntese verde e aplicações de nanopartículas metálicas. Publicou oito artigos de investigação em diferentes revistas internacionais revistas por pares. A Dra. Garai é membro vitalício do Congresso Científico Indiano e do Chirantan Rasayan Santha.

Chandana Pramanik trabalha atualmente como Professor Assistente de Química no Dinabandhu Andrews College. Garia, , Bengala Ocidental. Tem mais de 12 anos de experiência de ensino ao nível da licenciatura. Obteve a licenciatura (Hons. em Química) em 2004 no Panskura Banamali College (Autónomo), Universidade de Vidyasagar, Bengala Ocidental, Índia e o mestrado (Química) em 2006 na Universidade de Vidyasagar, Bengala Ocidental, Índia. Os seus interesses de investigação incluem a síntese de compostos heterocíclicos e é membro vitalício da Indian Chemical Society.

Data de nascimento:

Dr. Chhabi Garai-03/03/1986

ChandanaPramanik- 05/03/1983

Endereço do domicílio

Dr. ChhabiGarai, C/O- Asis Kumar Paria, Vill-Mannya, P.O.- Chakmahima, P.S.- Belda, Dist- Paschim-Medinipur, West Bengal, India, ZIP code- 721424, Phone number- 9832737961

Perfil do contribuidor

Biswajit Halder

Dinabandhu Andrews College, Garia , 54 S C Mallick road . Calcutá 700084

Pradyot Nanda

Dr. PradyotNanda, Professor Assistente, Departamento de Física, Dinabandhu Andrews College, Garia, Calcutá, Bengala Ocidental, Índia

Soumen Banerjee,

Departamento de Matemática, Colégio Raja Peary Mohan, Uttarpara, Hooghly, Bengala Ocidental, Índia

Rupali Banerjee

Departamento de Ciências e Engenharia da Computação, Instituto do Futuro de

Engenharia e Gestão, Sonarpur, Kol-150, Bengala Ocidental, Índia
Chandana Pramanik, professora assistente, Departamento de Química (UG), Dinabandhu Andrews College, Garia, Calcutá, Bengala Ocidental, Índia
Dr. Chhabi Garai, professor assistente, Departamento de Química, Pingla Thana Mathavidyalaya, Paschim-Medinipur, Bengala Ocidental, Índia

CAPÍTULO 1

Energia solar orgânica: Uma revisão das tendências recentes de desenvolvimento de uma fonte comercialmente viável de energia renovável

Biswajit Halder
Dinabandhu Andrews College, Garia , 54 S C Mallick road . Calcutá 700084
bhaldacchem @,gmail.com

Resumo: As fontes convencionais de energia estão a esgotar-se rapidamente de dia para dia, embora a utilização destas energias seja rentável, mas estão a aumentar a poluição ambiental, fenómeno como o aquecimento global. Assim, como fonte alternativa de energia, espera-se que a produção de energia fotovoltaica seja o trunfo para resolver os problemas (relatório de I&D, Sumitomo chemicals co. Ltd, vol. 2010-11). Os objectivos desta revisão são explicar as principais características e tendências para o fabrico de OSC (células solares orgânicas) altamente eficientes que possam intensificar e estimular a utilização de OSC. Neste contexto, foram também discutidas a otimização das interfaces de micro heterojunção a granel, a modificação da estrutura molecular do dador-aceitador para uma difusão eficaz dos excitões, uma maior mobilidade dos portadores de carga, a melhoria da largura da camada de materiais activos para o fabrico, ideias qualitativas dos processos fotovoltaicos e fotofísicos a nível molecular. Já foram introduzidas muitas melhorias, mas a garantia da fiabilidade da célula em caso de exposição à luz no exterior e no interior, a sua vida útil e durabilidade são também importantes para tornar os OPV comercializáveis.

1. Introdução

Nos dias de hoje, a eletrónica e a fotónica abriram caminho a um desenvolvimento diversificado e abrupto no domínio da comunicação, da computação e dos dispositivos semicondutores. Mais importante ainda, nas últimas décadas, tem sido feito um enorme esforço na procura de fontes alternativas de energia para enfrentar o futuro problema da crise energética e atingir o objetivo da sustentabilidade energética. Neste contexto, as células solares de silício assumiram a liderança devido à sua elevada eficiência de conversão da energia solar em energia eléctrica. Os dispositivos fotovoltaicos absorvem a luz e convertem-na em eletricidade. As células solares fotovoltaicas mais utilizadas são as células solares à base de silício. São duráveis e têm uma eficiência média superior a 10% e até 24,7% no caso das células policristalinas[1] , mas os principais problemas são o facto de não serem rentáveis, exigirem uma grande superfície para a instalação, a montagem de pequenos painéis, uma vez que esses módulos são pesados e rígidos, e a dificuldade de manuseamento de grandes peças de painéis.[2] A possibilidade de obter polímeros condutores de base orgânica, em especial polímeros conjugados n, que combinam o carácter condutor com a propriedade do plástico como substituto das células solares inorgânicas, foi iniciada e desenvolvida após a descoberta de materiais orgânicos altamente condutores em 1977, quando o poliacetileno foi submetido a um tratamento químico com um agente oxidante (dopagem do tipo p) ou um agente redutor (dopagem do tipo n) para sintetizar materiais altamente condutores. [3,4] Pouco tempo depois, **Tang e VanSlyke**, da Kodak, apresentaram o primeiro dispositivo eletroluminescente orgânico tris (8 - hidroxi - quinolina) Alumínio (Alq3) e o primeiro díodo emissor de luz de polímero orgânico a partir de poli - (para-fenilacetileno) PPV5 , embora o interesse seja o fabrico de células solares orgânicas como fonte de energia omnipresente no futuro, devido a algumas vantagens práticas, como o facto de as películas finas OPV serem leves, poderem ser impressas em superfícies de plástico, ser possível a preparação rolo a rolo, pelo que as OPV são rentáveis. A energia solar que chega à Terra é imensa, com 176 biliões de kJ/seg. No entanto, há vários factores-chave que influenciam a produção de energia - apenas uma parte do amplo espetro da luz solar pode ser absorvida e convertida em eletricidade, outras restrições são a densidade de energia variada da luz solar exposta em diferentes partes da superfície terrestre, sendo baixa (1 kW/m^2 nas latitudes médias) e a variabilidade na quantidade de energia produzida devido à disponibilidade de luz solar de noite e de dia, bem como às condições meteorológicas. A produção de energia de 2 a 3 kWh para uso doméstico exige uma superfície de 20 a 30 m^2 com uma eficiência de conversão de 10%. Assim, a comercialização de OPVs exige uma eficiência elevada de 10% (Solarmer energy Inc. 2009), que ainda não foi alcançada.

2. Características gerais dos dispositivos foto voltaicos orgânicos

Os materiais OPV mais importantes são polímeros conjugados misturados com derivados de fulerenos, em que os compostos de politiofenos e polifenilenos actuam como dadores e os derivados de fulerenos como receptores de electrões. Recentemente, os materiais não baseados em fulerenos e também as pequenas moléculas têm vindo a ganhar importância.[6] Em 1992, Yoshino, da Universidade de Osaka, descobriu que era possível obter uma fotocorrente com boa eficiência misturando politiofeno ou polifenileno (em conjunto com a Sumitomo Chemical), que são conhecidos como polímeros condutores de eletricidade, com derivados de fulereno (C60) (Yoshino et al, 1993).[7] Os materiais poliméricos são utilizados eficazmente devido à sua eficiência moderadamente mais elevada do que as pequenas moléculas[8] , mas enfrentam vários desafios antes de atingirem o seu objetivo, devido à sua arquitetura e conceção complexas, que se devem principalmente à natureza do condutor orgânico. Ao contrário da formação de portadores de carga fotoinduzidos em materiais semicondutores inorgânicos, a fotoindução conduz à formação de excitões no OPV, o que influencia grandemente a arquitetura da heterojunção polimérica dador - aceitador, a espessura do meio ativo e a escolha dos materiais dador e aceitador. Todos estes factores influenciam coletivamente o tempo de vida e a probabilidade de formação de portadores de carga e o seu processo de recombinação ou perda de energia, que tem um efeito prejudicial na eficiência.[9,10] A eficiência de conversão de energia é a percentagem de energia solar que é convertida como energia de saída máxima nas condições de funcionamento do dispositivo. (hetero junção e corrente de curto-circuito). A eficiência máxima de uma célula solar orgânica depende de três factores: i) coeficiente de absorção a(E), uma quantidade espetral que depende da energia dos fotões, ii) mobilidade dos portadores de carga (buracos e electrões) ($p_{,h}$ e p_e) e iii) tempo de vida dos portadores de carga (τ). Os valores óptimos destes factores mantêm um equilíbrio entre a eficiência atingível e o limite teórico de Shockley - Queisser.[11-13] Assim, a tensão de circuito aberto (V_{oc}) e a corrente de curto-circuito (J_{sc}) dependem da combinação dos três factores. Como a formação de portadores de carga é um processo complexo na célula OPV que envolve a formação de excitões, a sua migração na heterojunção do material ativo e a separação de cargas; e a mobilidade e a recombinação de cargas são factores importantes para a recolha de cargas nos eléctrodos, pelo que os desafios teóricos e as descrições quantitativas destes processos fotofísicos a nível molecular são importantes para o desenvolvimento futuro das OPV.

3. Célula solar orgânica de mecanismo simples

Quando a luz solar é exposta na superfície transparente de uma célula solar orgânica, a partir das moléculas dadoras dos materiais do tipo p, o eletrão passa do HOMO para o LUMO da molécula dadora, mas, ao contrário da energia fotovoltaica inorgânica, o eletrão e o buraco não se separam, formando um par de iões, conhecido como excitão, que não se separa em cargas devido à sua elevada energia de ligação. (A **figura 1a,b** mostra uma imagem HOMO-LUMO simples para materiais dador-acetor. A separação de cargas na interface dador-acetor ocorre devido a uma maior energia eléctrica interna

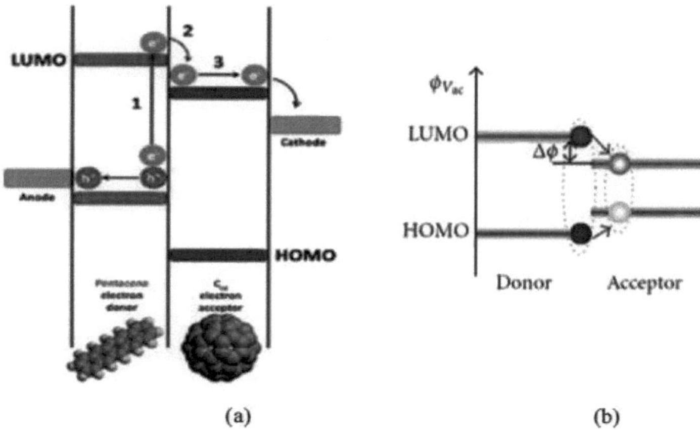

Fig. 1. a) Lacuna escalonada preferencial em que o excitão se dissocia, b) lacuna escalonada não preferencial em que todo o excitão é transferido do dador para o aceitador e a dissociação não ocorre (Kietzke 2007).
Imagem da Figura 4a reproduzida com a permissão de Alan Aspuru-Guzik e do Clean Energy Project (http://cleanenergy.harvard.edu, http://aspuru.chem.harvard.edu). Imagem b reproduzida de Kietzke (2007). (Figura disponível em cores online).

que é muito superior à energia térmica (0,025ev) na interface da heterojunção orgânica. O campo interno na célula solar inorgânica é relativamente baixo, o que favorece o movimento dos electrões e buracos e a sua recolha no cátodo e no ânodo, respetivamente, resultando numa diferença de potencial no circuito externo. O V_{oc} do dispositivo OPV é >0,7V. A probabilidade de dissociação do par de iões depende do estado de energia LUMO do dador e do LUMO do aceitador.[14] A transferência de carga na interface só é possível quando a diferença de afinidade eletrónica entre o aceitador e o doador é superior à energia de ligação do excitão, O eletrão gerado por fotografia só pode ser transferido para o LUMO do aceitador quando o HOMO do dador estiver a um potencial mais elevado do que o HOMO do aceitador, pelo que ocorre uma separação de cargas e os buracos deslocam-se para o polímero e os electrões para as moléculas do aceitador,[14] . Se ocorrer uma condição inversa, os pares de iões de excitões serão transferidos para o aceitador em vez do eletrão.

4. Fabrico de células solares orgânicas

A célula solar orgânica é constituída por quatro camadas **(Fig.2)**. Um substrato transparente feito de poliéster que permite a passagem de toda a luz através dele. Uma camada condutora transparente, geralmente de óxido de índio e estanho

(ITO), é revestida sobre o material ativo, o que permite que os raios solares incidam sobre os materiais activos como eléctrodos. A camada ativa é uma mistura de material polimérico condutor de tipo p e derivado de fulereno (por vezes também se utilizam nanotubos de carbono) como material de tipo n ou pode ser constituída por duas camadas laminadas separadas. Para evitar a possibilidade de fuga de materiais anódicos para as camadas activas, uma camada protetora de poli (3,4- etilenodioxitiofeno) poli (sulfonato de estireno) (PEDOT: PSS) é revestida entre

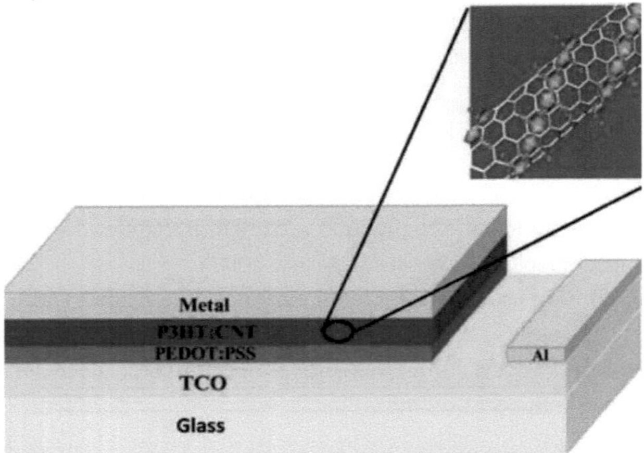

Fig. 2. Diagrama esquemático de uma célula orgânica básica típica com CNTs como aceitador dentro da camada ativa. (Figura disponível online a cores).

ITO e a camada ativa[15] . Também favorece o transporte de buracos em direção ao ânodo. Alguns investigadores propuseram uma camada extra (de LiF) que impedirá a difusão do material do cátodo na camada ativa[16] , bloqueando o transporte de buracos para o cátodo e favorecendo a transferência de electrões para o cátodo.

4. Fabrico de morfologia dador-aceitador de controlo

O comprimento de difusão dos excitões é muito pequeno (cerca de 10 nm). O movimento dos excitões em direção à interface da junção p/n é importante porque assegura a separação efectiva dos excitões em portadores de carga, caso contrário a recombinação dos electrões ocorrerá através de um processo não radiativo. Quando o material de tipo p e o material de tipo n são laminados em materiais orgânicos, poucos excitões podem chegar à junção, o que leva a uma separação efectiva das cargas, pelo que a eficiência da separação das cargas se mantém baixa. Os OPV em que o material de tipo n é misturado com o polímero de materiais de tipo p são designados por tipo de junção hetero a granel. Estes têm uma estrutura de separação de microfases para o domínio do polímero de tipo p e o domínio do fulereno de tipo n, como se mostra na **Fig. 3**.

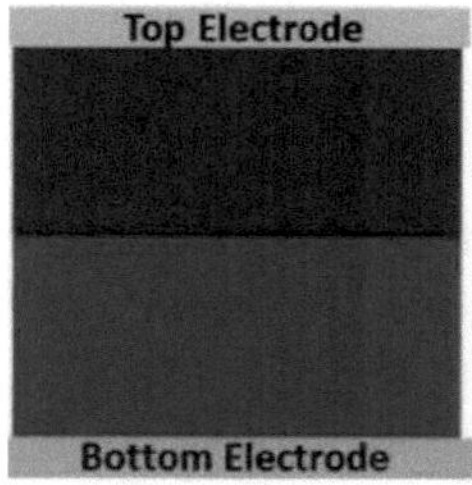

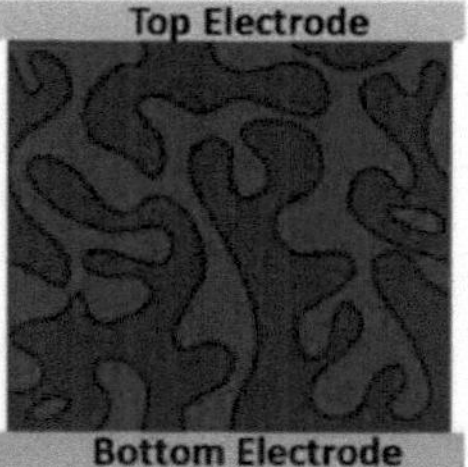

Fig.3 Meio ativo controlado por morfologia. (Imagem disponível online)

Por outras palavras, forma-se um grande número de interfaces de junção p/n, assegurando um grande número de geração de portadores de carga.[46-47] A separação de cargas fotoeléctricas ocorre com boa eficiência.

5. Parâmetros característicos dos OPVs

Isc, Voc e fator de enchimento são os parâmetros OPV mais importantes que determinam a eficiência de conversão de energia (PCE) de qualquer célula solar em relação ao espetro solar AM 1,5 G como fonte de energia padrão. (A **Fig.4** mostra a curva J-V para um dispositivo semicondutor baseado em pentaceno/C60 como camada ativa. A eficiência de conversão de energia (ECE) q, é expressa como a eficiência máxima de conversão da potência de entrada como luz em potência eléctrica de saída do dispositivo e escrita como

$$ECE\ (\eta) = \frac{P_{max}}{P_{in}}\ X\ 100\%$$

$$\eta = FF.\frac{J_{max}.V_{max}}{L_L}\ X\ 100\%$$

$$\eta = FF.\frac{J_{SC}V_{oc}}{L_L}\ X\ 100\%$$

$$FF = \frac{J_{max}V_{max}}{J_{SC}V_{oc}}\ X\ 100\%$$

O objetivo do fabrico de células solares é obter uma eficiência elevada. Pelo menos, assegurará a absorção máxima de uma vasta gama de raios solares, o que está diretamente relacionado com o aumento de Isc da célula. Jsc é o fluxo de corrente no circuito externo quando o circuito está em curto-circuito, pelo que, efetivamente, existe um potencial externo nulo entre os terminais do circuito real em condições de iluminação. Jsc está diretamente relacionado com a absorção da radiação solar pela célula solar. Assim, a modificação de Jsc exige a modificação da largura e da morfologia da célula (estrutura microfásica dos domínios do dador e do aceitador) através da otimização da separação para a difusão efectiva do excitão[17.] Nas OPV de película fina, os excitões não se difundem normalmente para além de 100 nm de comprimento[14] e a ausência de molécula aceitadora neste intervalo resulta na possibilidade de recombinação do excitão no estado fundamental. Uma condição de ausência de corrente no circuito externo. A planura do polímero e do derivado de fulereno assegura um transporte eficaz da carga para o elétrodo.[18] A elevada pureza do composto dador-aceitador assegura igualmente uma transferência de carga eficaz e melhora o valor da corrente operacional de potência de pico (I_m) e da tensão operacional de potência de pico (V_m), melhorando assim o fator de enchimento da célula. No dispositivo OPV, é a diferença de energia entre o LUMO do aceitador e o HOMO do dador. A conceção de um polímero com um HOMO mais baixo e um aceitador com um LUMO mais elevado pode melhorar o Voc da célula solar (polímero de RO-PPV, PTV, PF, etc.)[19] . O fator de enchimento é o rácio entre os produtos da corrente e da tensão e o produto de I_{sc} e V_{oc} no ponto de funcionamento de potência máxima, em que Im e Vm se ligam com a iluminação. O valor mais elevado do rácio garante a qualidade da célula solar. A eficiência de conversão de energia (ECE) é o rácio de Pm (produção máxima de energia) em relação à radiação incidente exposta na célula solar. Se V_{oc} e I_{sc} de uma célula solar forem grandes, então Pm e V_{oc} serão elevados e a eficiência da célula também será elevada. O pico de eficiência de uma célula solar orgânica depende

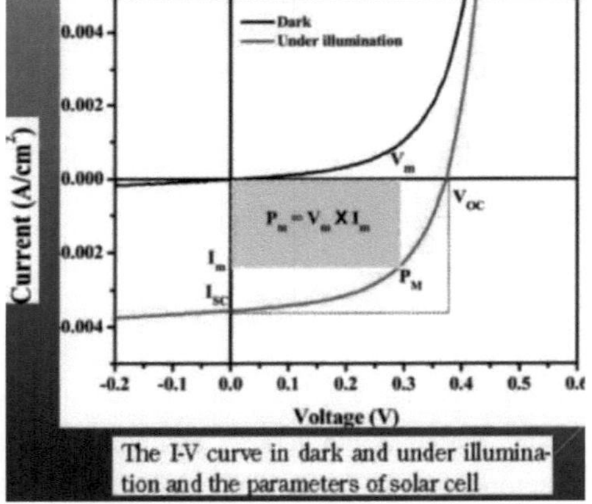

Fig.4 Curva I-V da célula solar orgânica (Imagem disponível online)

em três factores i) coeficiente de absorção a(E), uma quantidade espetral que depende da energia dos fotões, ii) mobilidade dos portadores de carga (buracos e electrões) (μ_h e μ_e) e iii) tempo de vida dos portadores de carga (τ). Para uma absorção óptima da célula solar, se o produto de C$\phi\tau$ = constante, então a eficiência é constante. Na verdade, a uma espessura óptima da camada ativa, p.r controla a recolha de portadores de carga. Este produto é promovido Jsc em seus valores baixos e moderados e em um valor muito alto de $\mu\tau$, Jsc atinge seu limite de saturação, uma vez que o fator de preenchimento depende de Voc e Jsc no nível de saturação do valor Jsc quando a coleta de carga no eletrodo é firmemente eficiente p não é mais uma parte relevante da eficiência quando apenas a recombinação em massa ocorre.[20-22] Voc é independente de p e depende apenas de τ desde a recombinação superficial. Com maior mobilidade, aτ controla a absorção e a recombinação de cargas. Para a blenda aceitadora não baseada em fulereno, uma grande espessura e uma fraca recolha de portadores de carga na célula diminuem o fator de preenchimento. [23-25]A maioria dos materiais OSC eficientes tem uma espessura ótica de cerca de 100 nm.[24,26] A intensidade de absorção também pode ser ajustada alterando o peso molecular do polímero dador, mas o tieno (3,2-b) tiofeno - dicetopirrolopirrol (DPPTTT) com uma grande espessura da camada aumenta a taxa de recombinação, o que limita o valor de Voc. Com uma espessura de absorvente reduzida, a combinação de um aceitador de base não fulereno e de um dador do tipo DPPTTT pode revelar-se mais eficiente.[27]

6. Processos foto-electrónicos e físicos das células solares orgânicas

A propriedade mais importante que influencia a conceção dos OSC e os diferencia dos seus homólogos inorgânicos é a formação de excitões após a fotoindução, devido à baixa constante dieléctrica dos materiais dadores.[28] O grande coeficiente de absorção do polímero torna-o adequado para absorver eficazmente toda a gama do espetro solar. O sistema de polímeros conjugados Π absorve a luz e promove um estado excitado mais elevado, uma vez que o acoplamento eletrónico-vibracional favorece este processo[29] . Em seguida, o eletrão é relaxado até ao nível vibracional mais baixo do primeiro estado excitado. Este eletrão e buraco não são livres de formar portadores de carga, pelo que se forma o excitão. O processo de relaxação tem um efeito negativo nos materiais com baixo intervalo de banda. Na interface de heterojunção do componente dador/acceptor (D/A), o excitão ganha energia superior à sua energia de ligação para se dissociar em portadores de carga opostos. Assim, o excitão tem de se difundir para atingir a heterojunção e ganhar energia antes de regressar ao estado fundamental.[17] Acredita-se que a migração do excitão depende da natureza do carácter excitónico. No caso do excitão singlete, a migração é favorecida por uma interação do tipo coulombiana de longo alcance entre dipolos locais, que é muito rápida (tipo FRET), mas no caso do excitão triplete, a migração ocorre através de um mecanismo lento do tipo Dexter. Aqui intervêm dois factores compatíveis. Em primeiro lugar, a geração de excitões requer uma absorção suficiente da luz, o que é favorecido pela camada espessa (D/A) e, em segundo lugar, pelo comprimento de difusão $L= (D\tau)^{0.5}$ (em que D é o coeficiente de difusão e τ é o tempo de vida do excitão), que é muito curto no caso de materiais poliméricos orgânicos que sugerem uma camada mais fina (D/A). É necessário restabelecer um equilíbrio entre o comprimento de difusão e a formação efectiva de excitões para a migração de cargas e a absorção óptima de energia, respetivamente.[29] O processo de transferência de carga exige um forte acoplamento eletrónico entre os locais de interação, que pode ser conseguido quer por interação de longo alcance entre dipolos oscilantes induzidos, quer por simples colisão de moléculas dadoras e aceitadoras. A teoria mais exacta da transferência de energia continua a ser um tema de investigação[30,31] mas, na interface dador-acetor, o excitão pode separar-se em carga ou recombinar-se no estado fundamental. A energia envolvida no processo de separação de cargas é E = IP (D) + EA (A), que limita o limite superior da V_{oc} (tensão de circuito aberto) da célula solar, que é uma medida da diferença de energia entre HOMO (D) e LUMO (A) do modelo simples HOMO-LUMO do diagrama orbital de fronteira do semicondutor orgânico. O excitão envolvido no estado de transferência de carga sofre auto-ionização em cargas se a taxa de separação de carga for maior do que o tempo relativo de relaxação para o estado excitado inferior. [32-35] Este processo é muito rápido e é descrito como um processo intrínseco de geração de foto portadores de carga. Os portadores de carga, através de um mecanismo de salto muito rápido, relaxam para a região de salto polaron normal.[37-42] As cargas separadas são movidas em direção ao seu elétrodo, dependendo da sua mobilidade, que varia de acordo com a morfologia da camada amorfa orgânica altamente desordenada. Na substância altamente cristalina, os portadores de carga movem-se a uma velocidade mais rápida, mas, em virtude da elevada desordem na camada orgânica ativa, provoca a formação localizada de portadores de carga e o transporte ocorre principalmente através do mecanismo de esperança de polaron. Em segundo lugar, o forte acoplamento eletrónico e a vibração intermolecular têm impacto na mobilidade das cargas. Ainda é necessário muito conhecimento neste campo para explorar perfeitamente a morfologia da camada orgânica ativa, o mecanismo e outros factores que restringem a mobilidade da carga.[33]

7. Estrutura da interface de heterojunção e fonte de Jsc e Voc

As duas principais arquitecturas do componente de heterojunção do OSC são a heterojunção de planificação e a heterojunção em massa, em que a camada orgânica dos materiais dador e aceitador é subsequentemente depositada no material do elétrodo ou misturada em toda a massa. **A Fig.3** mostra uma imagem de banda desenhada de um dispositivo de heterojunção de planeador (PHJ) e de heterojunção a granel (BHJ). A heterojunção em massa proporciona uma grande área interfacial dador-acetor e limita a recombinação antes da dissociação.[34] A fotocorrente depende da absorção dos materiais activos e do espetro da fonte de luz. A quantidade de corrente aumenta com o aumento da gama espetral. Para a camada ativa de pentaceno/C60, que é considerada ideal para as OSC de polímero-fullereno, Jcs é de 8,2 mA/cm^2 a 750 nm; para além desta linha, não aumenta[17] . A eficiência quântica externa (EQE) é útil para obter o fator de conversão do fotão em corrente. A EQE numa gama de frequências para o fotão incidente dá o valor de Jsc.[35] Assim, o modelo de previsão da ECE é útil para calcular o Jsc para o fabrico de novos OSC, que depende de dois factores opostos: a taxa de recombinação da superfície nas junções dos eléctrodos da camada ativa e a taxa de geração de excitões. A taxa de geração de excitões está relacionada com a distribuição de excitões que pode ser calculada através de um modelo de difusão unidimensional. A partir deste modelo, o comprimento de difusão dos excitões pode ser calculado ajustando o modelo à EQE experimental e ao comprimento de difusão dos excitões como parâmetro de ajuste.[35,36] Assim, a largura espetral da placa e o baixo intervalo de banda do material garantem um valor Jsc elevado. A previsão do valor de Voc é mais complexa do que a de JscFig.**4, uma** vez que os processos envolvidos na determinação de Voc são menos óbvios do que os de Jsc. Formalmente, Voc é considerado como a deferência na função de trabalho de dois eléctrodos utilizados em células fotovoltaicas orgânicas, mas estudos recentes sugerem que é a diferença entre o HOMO do dador e o LUMO do aceitador ou a diferença entre o IA das moléculas dadoras e o EA das moléculas aceitadoras, tanto para a célula de heterojunção planar[37] como para a célula de heterojunção em massa[38] . O efeito de polarização eletrónica na interface das moléculas doadoras/aceitadoras promove a força motriz para a dissociação dos excitões e aumenta o intervalo de energia HOMO(D) - LUMO(A). A interação dipolar interfacial leva à alteração das energias do HOMO(D) e do LUMO(A), o que é mais provável para o composto puro isolado. Assim, a interface material da BHJ e da PHJ influencia o nível de energia HOMO(D)-LUMO(A) de forma diferente. A dependência dos materiais O Voc incorporando vários parâmetros materiais (modificação da superfície do cátodo e do ânodo) foi investigado por *Kippelen et al*, 2009 através de um modelo de circuito equivalente, sugerindo que a modificação da superfície não melhorava suficientemente o fator de enchimento (FF). [39,40] Por último, foi examinado o efeito do material dador, substituindo o pentaceno por ftalocianina de cobre e titanilftalocianina com diferentes níveis de energia HOMO. Concluíram, após a adaptação dos dados ao modelo de circuito equivalente, que o Voc aumentou a corrente de saturação inversa do semicondutor e diminuiu. Uma vez que a geração térmica de portadores de carga reduz a corrente de saturação inversa (IO) no escuro e a corrente de saturação inversa é influenciada pela densidade superficial do par dador-aceitador e a taxa de formação de portadores de carga depende da AG do processo de transferência de carga e da energia de reorganização e ambos os factores têm um impacto positivo em Voc. Por conseguinte, a conceção de futuros materiais para células solares deve centrar-se em factores como a forma molecular dos polímeros, a natureza e a geometria do estado de transferência de carga, o empacotamento da interface de heterojunção, o acoplamento de electrões das moléculas dadoras e aceitadoras no estado de transferência de carga.[37] ,

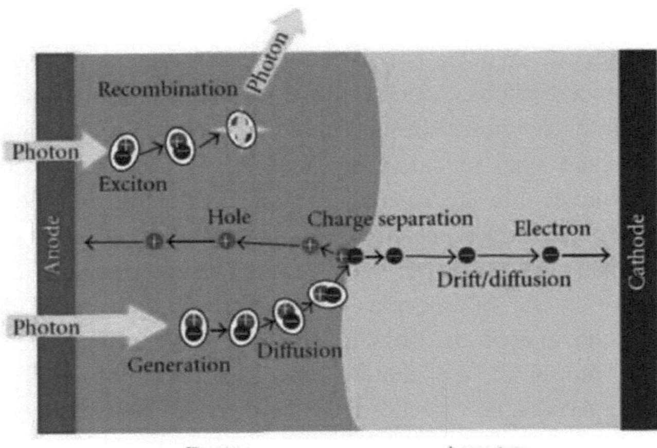

Fig.5. Processos fotofísicos em OPVs. (Figura disponível online a cores).

8. Tendências recentes de desenvolvimento no sentido da comercialização

Foram envidados grandes esforços para obter um dispositivo OPV altamente eficiente (cerca de 10% de eficiência). No caminho para esta realização, os investigadores enfrentaram muitos desafios: i) fabrico de polímeros que possam absorver uma vasta gama de comprimentos de onda de luz; 2) modificação da morfologia da estrutura das interfaces de micro heterojunção para uma difusão eficaz dos excitões; 3) inovação de materiais com um grande intervalo de banda que aumentem o Voc da célula, mas que não dificultem o processo de separação de cargas. 4) Inovação de novas técnicas para melhorar a eficiência de absorção dos materiais solares. 5) Melhorar a fiabilidade e a durabilidade dos dispositivos OPV em condições interiores e exteriores. *Aziz et al* (2007) propuseram que o transporte de carga na película de material orgânico pode ser aumentado substituindo o material amorfo por material cristalino[8] . A forma cristalina pode ser obtida escolhendo o solvente adequado e evaporando-o após a impressão (Yen at al 2007)[9] . Nas células solares poliméricas de heterojunção, as pequenas moléculas doadoras de poli (3-hexiltiofeno) (P3HT) e as moléculas aceitadoras de éster metílico do ácido fenil-C61-butírico (PCBM) são normalmente utilizadas na arquitetura de pequenas moléculas poliméricas. Uma combinação de um dador de curto intervalo de banda e de um aceitador de longo intervalo de banda melhora a absorção em comprimentos de onda mais longos, pelo que pode ser obtida uma eficiência de 5% (Ma at al 2005). [10]. A substituição do P3HT por benzo [1,2-b:4,5-b'] ditiofeno (BnDT) com um intervalo de banda mais elevado permitiu obter uma eficiência de 7,2 % (Zhou at al , 2011)[11] . Nos últimos tempos, foram desenvolvidas várias novas arquitecturas de células. Na célula Tandem, são escolhidas duas subcamadas de materiais com diferentes intervalos de banda que absorvem luz de diferentes gamas de ondas. Assim, duas camadas activas são colocadas em sanduíche. Estas duas camadas são separadas por uma camada tampão de óxido de titânio. Duas camadas de heterojunção absorvem luz de diferentes comprimentos de onda, pelo que a energia máxima da luz solar pode ser aproveitada desta forma e, assim, foi alcançada uma eficiência de 8,6% até à data (Dou et al, 2012). [12,42,43] A camada ativa da célula solar orgânica é muito fina e tem uma eficiência de absorção fraca. Quando as nanopartículas metálicas são implantadas na camada ativa, é gerado um modo Plasmon em torno dos nanocristais metálicos devido à diferença dieléctrica entre o semicondutor e as nanopartículas **Fig.6**. O Plasmon cria um forte campo elétrico à sua volta e aumenta a absorção nesta região (Atwater e Polman 2010)[14] . Quando as nanopartículas de ouro incorporam uma camada tampão anídica na superfície do poli(3-hexiltiofeno) (P3HT) e do éster metílico do ácido [6,6]-fenil-C(61)-butírico (PCBM), a taxa de absorção e a capacidade de absorção aumentam devido à ressonância plasmónica de superfície localizada (LSPR), que favorece uma maior taxa de geração de excitões e um rápido decaimento do tempo de vida dos excitões, aumentando a possibilidade de dissociação rápida dos excitões em cargas. Estes dois efeitos aumentam o I_{sc} e o fator de preenchimento[15] . Impacto da auto-montagem de NPs de ouro na eficiência e variação das características do PEDOT: PSS na ressonância plasmónica das NPs de ouro foi investigado por Gangopadhyay et al. (2012).[48] Eles usaram NPs Au auto-montadas de tamanho 50nm em ITO silanizado de 110 nm e 50 nm de estrutura de camada ativa como amostra padrão. As NPs incorporadas na superfície da camada tampão (PEDOT: PSS) aumentam a eficiência em 30% e também alteram as características do meio tampão circundante, alterando a condutividade do meio quando excitado com laser de 470 nm. Assim, a própria camada tampão facilita o transporte de furos a uma taxa mais rápida[16] . Wang et al, (2018) trabalharam no efeito da nanoesfera de prata de diferentes tamanhos de 5-10 nm como tamanho pequeno, 20-40 nm como tamanho médio e 60-80 como tamanho grande incorporado na camada ativa de (P3HT: PCBM) e superfície da camada tampão ITO (PEDOT: PSS) onde espessuras de ITO, PEDOT: PSS e P3HT: PCBM são 100, 40 e 200 nm. Os autores relataram um aumento da secção transversal de absorção efectiva pelas NPs de pequena dimensão implantadas no interior da camada ativa e a secção transversal de dispersão aumentará à medida que as NPs de grande dimensão forem sendo incorporadas na superfície da camada tampão e uma grande quantidade de luz for sendo dispersa na camada ativa.

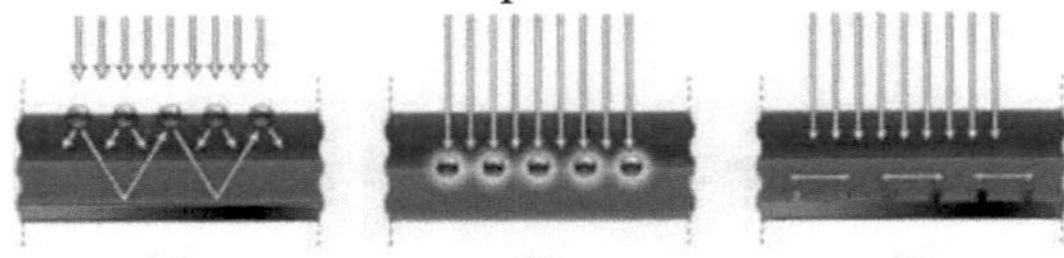

Fig.6. Captura de luz utilizada em células solares de película fina. Reproduzido com a permissão da Macmillan Publishers Ltd: Atwater, H. A., e Polman, A. (2010). Plasmonics for improved photovoltaic devices (Plasmónica para dispositivos fotovoltaicos melhorados). Nature Materials 9: 205213. (Figura disponível em cores on-line).

luz. [17,47] Foi investigado o melhoramento do desempenho da célula através da incorporação de nano discos de Ag e Au de diferentes tamanhos na interface camada ativa/estrutura de grelha Al após exposição a luz de diferentes comprimentos de onda. Também revela que esta disposição pode melhorar o desempenho da célula em 40%. [18,47,48,49]

9. Conclusão

A inovação tecnológica e o interesse no desenvolvimento de células solares orgânicas têm vindo a aumentar nas últimas duas décadas. Foram efectuados enormes trabalhos de investigação para obter células solares ECE relativamente mais elevadas. Os progressos recentes da OSC demonstram uma eficiência de cerca de 10% e 13% para dispositivos de junção simples e em tandem. Os investigadores estão a tentar obter uma OSC tão boa como 20% da ECE. Assim, estão a ser feitos progressos no sentido de alcançar a posição de comercializar células solares orgânicas e a produção de energia com uma boa relação custo-eficácia, processos de fabrico simples e flexibilidade que as tornarão populares no futuro.

Referência

1. J. Zhao, A. Wang, e M. Green. *Solar Energy Materials & Solar Cells*, **2001**, 65, 429-435
2. K. Uehara e S.Yoshikawa, CMC Publishing Co. Ltd, . **2005**, p.75
3. C. K. Chiang, C. R. Fincher, Y. W. Perk, A. J. Heeger, H. Shirakawa, E. J. Louis, S. C Gau e A. G. McDiarmid, Phys. Rev. Lett., 39, 1098(1977).
4. J. L. Bredas e G. B. Street, Acc. Chem. Res., 18, 309-315(1985)
5. J. L. Bredas, D. Beljonne, V. Coropceanu e J. Cornil, Chem. Rev., 104, 4971- 5003 (2004).
6. J. Roncali, Acc. Chem. Rec., 42(11), 1719-1730 (2009).
7. K. Yoshino, S. Morita, T. Kawai, H. Araki, X. H. Yin e A.A Zakhidov, Synthetic Metals, 56, 2991 (1993).
8. T, Kietzke, Avanços recentes em células solares orgânicas. Avanços em Optoelectrónica 1,15 (2007)

9. N.D. Arora, S. D. Chamberlain, e D. J. Roulston, Appl. Phys. Lett., 37, 2582 (1974)
10. J. Y. Kim, K. Lee, N. E. Coates, D. Moses, T. Q. Nguyen, M. Dante, A. J. Heeger, Science, 317, 222-225 (2007).
11. W, Shokley e H. J. Queisser, J. Appl. Phys. 32, 510 (1961)
12. R. Abbei, Y. Galagan, P. Groen, Adv. Energy Mater, 20, 1701190 (2018).
13. G. A. Chamberlain, Sol. Cells, 8, 47 (1983).
14. I. Arobouch, Y. Karzazi, B. Hammouti, Phys. Chem. News, 72, 73-84(2014).
15. E. Edwards,. Organic solar cells: A review. Programa EE293a, Universidade de Stanford (2007)
16. X. Jing, D. Zhenbo, L. Chunjun, X. Denghui, X. Ying e G. Dong, Efeito da camada tampão LiF no desempenho de dispositivos electroluminescentes orgânicos. Physica E 28:323-327 (2005).
17. J. William, JR. Potscavage, A. Sharma e B. Krippelen, Account of Chemical Research, 42(11) 1757-1767 (2009).
18. M. Riede, D. Spoltore, K. Leo, Adv. Energy Mater, 11, 2002653 (2021).
19. Aziz, E., A. Vollmer, S. Eisebitt, W. Eberhardt, P. Pingel, D. Neher e N. Koch. Transferência de carga localizada num polímero condutor dopado molecularmente. Advanced Materials 19:3257-3260. (2007),
20. P. Kalenburg, L. Kruekemler, D. Lubke, J. Nelson, U. Rau e T. Kirchartz, Physical Review Research 2,023109 (2020).
21. M. A. Green Sol. Cells, 7, 337 (1982).
22. M. A. Green Solid state electron, 24, 788 (1981).
23. D. bartesaghi, I. del Carmen Perez, J Kniepert, S. Roland, M. Turbiez, D. Neher e L. J. A. Koster, Nat. Commun. 6, 7083 (2015).
24. P. Kalenburg, U. Rau e T. Kirchartz, Phys. Rev. Appl, 6, 24001(2016).
25. Y. Firdaus, V. M. L. Corre, J. I. Khan, Z. Kan, F. Laquai, P. M. Beaujuge e T. D. Anthopoulos, Adv. Sci. 6, 1802028 (2019).
26. H. li, Z. Xion, L. Ding e J. Wang Sci. Bull. 63, 340 (2018).
27. M. S. Vezie, S. Few, I. Meger, G. Pieridou, B. Dorling, R. S. Ashraf, A. R. Gofii, H. Bornstein, I. McCulloch, S. C. Hayes, M Compoy-Quiles e J. Nelson, Nat. Mater. 15, 746 (2016).
28. B. Kippelen e J. L. Bredas. Energy Environ. Sci. 2, 251-261 (2009).
29. J. L. Bredas, J. E. Norton, V. Coropceanu e J. Cornil, contas de Chem. Research, 42(11), 1691-1699 (2009).
30. G. D. Scholes, Annu. Rev. Phys. Chem 54,57-87 (2003).
31. G. D. Scholes e R. D. Harcourt, J. Chem. Phys., 104, 5054-5061 (1996).
32. P. Peumans e S. R. Forrest, Chem. Phys. Lett., 398, 27-31(2004).
33. V. Coropceanu, R. S. Sanchez-Carrera, P. Paramonov, G. M. Dey e J. L. Bredas, J. Phys. Chem. C, 113, 4679-4686, (2009).
34. J. J. M. Halls, C. A. Walsh, N. C. Greennam, E. A. Marseglia, R.H. Friend, S. C. Moratti e A. B. Holmes, Nature, 376, 498-500, (1995).
35. S. Yoo, W. J. JR. Potscavage, B. Domercq, S. H. Han, T. D. Li, S. C. Jones, R. Szoszkiewicz, D. Levi, E. Riedo S. R. Marder e B. Krippelen, Solid State Electron, 51, 1367-1375,(2007).
36. P. Peumans, A. Yakimov e S. R. Forrest, J. Appl. Phys., 3693-3723, (2003).
37. M. Brumbach, D. Placencia, N. R. Armstrong, J. Phys. Chem., 112, 3142-315, (2008).

38. C. J. Brabec, A. Cravino, D. Meissner, N. S. Sariciftic, T. Fornerz, M. T. Rispens, L. Sanchez e J. C. Hummelen, Adv. Funcl. Mater. 11, 374-380, (2001).
39. A. K. Pandey, P. E. Shaw, I. D. Samual e J. M. Nunzi. Appl. Phys. Lett., 94, 103303, (2009).
40. A. Sharma, A. Haldi, W. J. JR. Potscavage, P. J. Hotchkiss, S. R. Marder e B. Krippelen, J. Mater. Chem, 5298-5302,(2009).
41. C. Yin, T. Kietzke, D. Neher e H. Horhold. 2007. Applied Physics Letters 90:092117-092119 (2007)
42. Ma, W., C. Yang, X. Gong, K. Lee, e A. Heeger. Materiais Funcionais Avançados 15(10):1617-1622 (2005)
43. Zhou, H., L. Yang, A. Stuart, S. Price, S. Liu, e W. You. AngewandteChemie International Edition 50:2995-2998.nce.(2011)
44. Dou, L., J. You, J. Yang, C. Chen, Y. He, S. Murase, T. Moriarty, K. Emery, G. Li e Y. Yang. Nature Photonics 6:180-185 (2012).
45. Omar A. Abdulrazzaq ,Viney Saini , Shawn Bourdo , EnkeledaDervishi&Alexandru S. Biris, An International Journal,(2013)
46. H. Atwater, e A. Polman, Nature Materials 9, 205-213. (2010)
47. Wu JL1, Chen FC, Hsiao YS, Chien FC, Chen P, Kuo CH, Huang MH, Hsu CS.2011. Efeitos plasmônicos de superfície de nanopartículas metálicas no desempenho de células solares de heterojunção em massa de polímero. 2011 Feb 22;5(2):959-67. doi: 10.1021/nn102295p. Epub 2011 Jan 13.
48. Shahin,S.Gangopadhyay,P. Norwood,RA. (2012). Células solares orgânicas melhoradas por plasmónica. Fotónica (nano) de próxima geração e tecnologia celular para conversão de energia solar, vol 8471-84710D(2012)
49. Wang, J. ,Jia, S. Cao,Y. Wang, W e Yu, P.2018. Princípios de design para células solares orgânicas aprimoradas por plasma de nanopartículas. (2018)

CAPÍTULO 2

Efeitos da irradiação nas propriedades físicas e químicas dos electrólitos poliméricos

Pradyot Nanda

Dr. Pradyot Nanda, Professor Assistente, Departamento de Física, Dinabandhu Andrews College, Garia, Calcutá, Bengala Ocidental, Índia

ju31amar@gmail.com

Resumo: A radiação ionizante produz alterações em várias propriedades dos polímeros e é uma técnica útil para os modificar. É uma forma muito importante de gerar novas propriedades ou melhorar as propriedades existentes nos polímeros. A ação combinada da radiação ionizante e do oxigénio nos polímeros pode levar rapidamente a uma deterioração grave das propriedades do polímero. Os efeitos resultantes dependem fortemente da estrutura química do polímero.

Palavras-chave. Eletrólito de polímero; Difração de raios X; Espectroscopia de infravermelhos com transformada de Fourier; Calorimetria diferencial de varrimento; Viscosidade

Introdução

Os danos causados pela radiação e a degradação oxidativa provocam alterações químicas na estrutura do polímero com a formação de uma variedade de novos grupos funcionais como carbonilos, carboxilos, ésteres, hidroxilos, etc. [1]. Uma propriedade caraterística dos electrólitos poliméricos é que, à temperatura ambiente, o polímero tem tendência para cristalizar. Existem várias formas de suprimir a cristalização e de a aumentar - adição de plastificantes, adição de nanopartículas isolantes que actuam como cargas. A propriedade do polímero altera-se significativamente [2, 3] dependendo do tipo de radiação utilizada, da natureza do polímero e da dose. Foram realizados estudos sobre o efeito de várias radiações, como feixes de iões, feixes de electrões, feixes de neutrões, raios X e raios gama em sistemas electrolíticos poliméricos [4]. As várias propriedades físicas e químicas do eletrólito polimérico podem ser estudadas utilizando diferentes técnicas experimentais como a Calorimetria Exploratória Diferencial, a Difração de Raios X, a Espectroscopia de Infravermelhos com Transformada de Fourier e a Viscosidade.

1.1 Polímero

Um polímero é um composto molecular com elevada massa molecular e é constituído por um grande número de unidades repetitivas de estrutura idêntica, denominadas "monómeros". A palavra "polímero" deriva das palavras gregas clássicas "poly" que significa "muitos" e "meres" que significa "partes" e foi utilizada pela primeira vez por Berzelius em 1827. Os polímeros oferecem propriedades e perspectivas de aplicação únicas. O peso molecular de um polímero depende do grau de polimerização. Os polímeros são duros, resistentes à ação da água, dos ácidos e dos álcalis. Por este motivo, tanto os polímeros naturais como os sintéticos desempenham um papel cada vez mais importante na tecnologia moderna. A gama de materiais poliméricos é tão vasta que encontraram aplicações em praticamente todos os sectores da indústria [5-7].

1.2 Electrólitos de polímeros

O presente estudo visa os efeitos da irradiação nas propriedades físicas e químicas dos electrólitos poliméricos. Os electrólitos poliméricos são condutores iónicos sólidos formados pela dissolução de sais em polímeros adequados de elevado peso molecular. Os electrólitos poliméricos são geralmente bifásicos, consistindo em fases cristalinas e amorfas. Os electrólitos de polímeros sólidos (SPE) ganharam muita atenção devido a várias propriedades, como a elevada flexibilidade, o baixo peso, a transparência e a condutividade iónica relativamente elevada. Têm amplas aplicações como sensores, em células de combustível e em baterias recarregáveis de alta densidade energética e dispositivos electroquímicos [8-12].

Nos anos que se seguiram, observou-se muita atividade neste campo no sentido de compreender as interacções envolvidas na formação de fases electrolíticas poliméricas, na síntese de novos electrólitos poliméricos e na análise dos vários electrólitos poliméricos sólidos [13, 14].

O polímero hospedeiro deve ter:-

1) átomos/grupos, geralmente na cadeia principal, com poder doador de electrões suficiente para formar ligações coordenadas com os catiões do sal

2) uma distância adequada entre esses centros de coordenação que permita a formação de múltiplas ligações iónicas intra-polímero.

3) baixas barreiras à rotação dos átomos da cadeia principal, de modo a assegurar uma elevada flexibilidade do polímero e, por conseguinte, facilitar o movimento segmentar, e também proporcionar um volume suficiente para permitir que os iões se desloquem através da matriz polimérica.

A maior parte dos electrólitos poliméricos descritos até agora foram baseados em PEO (óxido de polietileno), PPO (óxido de polipropileno), PEG (polietilenoglicol), utilizando electrólitos como $LiClO_4$, LiSCN, NaI, NaSCN, NH_4ClO_4. A atenção centrou-se principalmente em materiais à base de óxido de polietileno (PEO), devido à sua disponibilidade imediata em vários pesos moleculares e às suas interessantes propriedades mecânicas [15].

O óxido de polietileno é um homopolímero com uma unidade de repetição [-$(CH_2)O$-]$_n$. O PEO comercial (por exemplo, polioxresina) tem um peso molecular de ~$4x10^6$ com uma densidade de 1,33 a 20^0 C. O PEO é solúvel em acetonitrilo, diclorometano, tetracloreto de carbono, benzeno, etc. A estrutura cristalina do

PEO baseada em dados de difração de raios X foi sugerida pela primeira vez em 1964 por Tadokoro et al [16]. A estrutura cristalina consiste numa hélice 7/2, ou seja, sete unidades monoméricas (-O-CH2- CH2) que giram duas vezes por período de fibra (aqui o eixo c da célula unitária é tomado como o eixo da fibra) com simetria isomorfa ao grupo pontual D7. O período de identidade da fibra é de 1,93nm. O grupo espacial é P21/a com parâmetros de célula unitária a=8,05A, b=13,04A, c=19,48A, e=125,4^{O} . Existe uma distorção considerável da simetria helicoidal D7. Isto significa que a cadeia molecular do PEO é mais flexível e que as forças intermoleculares actuam mais fortemente sobre os átomos da cadeia principal. Consequentemente, a grande distorção da molécula de PEO pode ser atribuída à flexibilidade da cadeia molecular e às forças intermoleculares. Verificou-se que o PEO assume geralmente a conformação em ziguezague planar, embora tenham sido registadas várias outras conformações nos complexos cristalinos com outros sais como a ureia, a tioureia, o HgCl2, etc. [17].

Morfologia

Quando a cristalização ocorre em sistemas à base de polímeros a partir da fusão ou da solução, ocorre normalmente através da formação de esferulitos, que são estruturas tridimensionais constituídas por regiões cristalinas em forma de folha (fibrilhas de lamelas) embebidas em material amorfo. Dependendo do método de formação de um eletrólito polimérico (natureza do solvente utilizado para a fundição, etc.) e da sua história térmica subsequente, podem formar-se vários estados morfológicos, cada um dos quais tem uma influência caraterística nas propriedades térmicas, eléctricas e outras propriedades físicas do sistema. Wright e colaboradores [18, 19] mostraram que o solvente influenciava a morfologia do sistema eletrolítico polimérico, produzindo materiais com predominância de fases cristalinas de alta fusão, altamente ordenadas, ou de baixa fusão, parcialmente ordenadas, a partir da mesma estequiometria. Postulou-se que a fase predominante era controlada pela competição entre o solvente e o PEO pelo sal.

Polimerização

A polimerização é o processo no qual unidades simples, chamadas monómeros, se unem para formar uma molécula de polímero complexa. Os monómeros reagem quimicamente para produzir polímeros e as ligações que formam as cadeias do polímero são de natureza covalente [20-24].

As classificações dos polímeros baseiam-se em:

(1)Processo de polimerização

(a) Polimerização por adição - Os monómeros juntam-se para formar um polímero que mantém as propriedades originais do monómero.

(b) Polimerização por condensação - Também ocorre uma reação química entre os monómeros que se juntam para formar um polímero.

(2)Estrutura

(a) Linear - A polimerização ocorre apenas numa dimensão.

(b) Ramificada - Ocorre polimerização linear com formação de ramificações.

(c) Rede - Formam-se matrizes tridimensionais ou redes de moléculas.

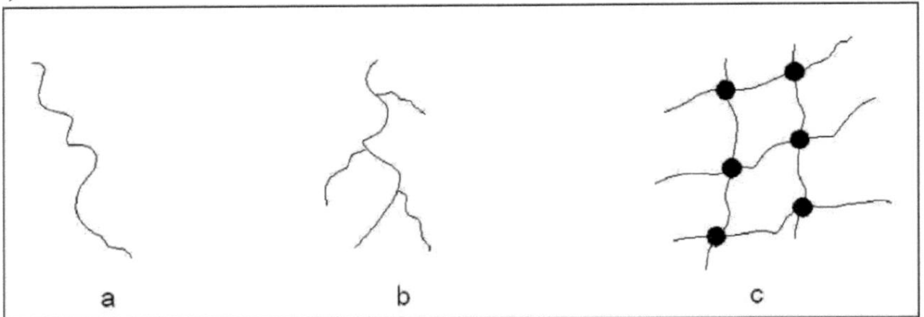

Fig: 1 Representações esquemáticas de (a) um polímero linear (b) um polímero ramificado (c) um polímero em rede. (O símbolo - representa um ponto de ligação cruzada onde duas cadeias estão quimicamente ligadas).

(3) Propriedades

(a) **Termoplásticos** - As moléculas de um termoplástico são mantidas por forças intermoleculares fracas, de modo que amolecem quando aquecidas e voltam à sua condição original quando arrefecidas. Os termoplásticos que não estão ligados entre si podem ser remodelados depois de moldados. Os termoplásticos são geralmente polímeros lineares ou ligeiramente ramificados. Todos os principais termoplásticos são produzidos por polimerização em cadeia. No entanto, nem todos os polímeros amorfos são termoplásticos. A temperatura de transição vítrea (Tg) indica se um polímero amorfo é um termoplástico. Os termoplásticos já têm uma gama de aplicações porque podem ser formados e reformados em muitas formas. Alguns exemplos são as embalagens de alimentos, o isolamento, os para-choques dos automóveis e os cartões de crédito [25].

(b) **Elastómeros** - Têm ligações ligeiramente cruzadas e são reversivelmente extensíveis em grande medida. Alguns elastómeros podem ser esticados até muitas vezes o seu comprimento original e podem voltar à sua forma original sem deformação permanente. Um elastómero deve estar acima da sua temperatura de transição vítrea (Tg) e ter um baixo grau de cristalinidade. Exemplos de elastómeros são a borracha natural, as borrachas de estireno-butadieno, as borrachas de poli-butadieno, as borrachas de isobutileno-isopreno, os polímeros de etileno-propileno e as borrachas de nitrilo-butadieno.

(c) **Os termoendurecíveis** são polímeros de rede tridimensional fortemente reticulados. Os termoendurecíveis não podem ser remodelados por aquecimento. A forte reticulação restringe o movimento das cadeias. São utilizados no fabrico de brinquedos, vernizes, barcos, cascos e colas.

Cristalinidade dos polímeros

Os polímeros perfeitamente cristalinos são muito difíceis de obter em condições laboratoriais. Normalmente, os polímeros encontram-se em parte no estado amorfo e em parte no estado cristalino [26-28]. A quantidade de cristalinidade de um polímero é descrita pelo chamado grau de cristalinidade e expressa como uma percentagem [8-10]. A análise dos padrões de difração de raios X (XRD) dos polímeros e a Calorimetria Exploratória Diferencial (DSC) fornecem informações sobre a cristalinidade de um polímero [20-24].

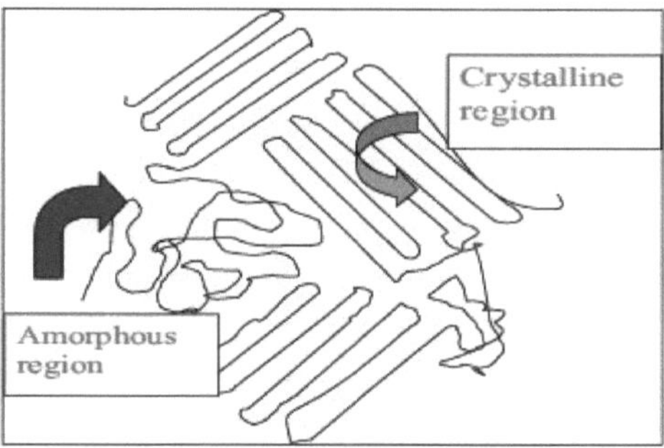

Figura 2: Representação esquemática da região cristalina e amorfa de um polímero

A cristalinidade (χ) do polímero é definida como

$$\chi = \frac{\Delta H_m \text{ of the sample}}{\Delta H_m \text{ of 100\% crystalline polymer}}$$

em que ΔH_{mI} se refere à variação de entalpia.

Interação entre o polímero e o sal

Alguns polímeros comportam-se como solventes sólidos de elevado peso molecular e dissolvem sais para formar complexos ião-polímero estáveis. Um sal só se dissolve num polímero se as alterações de energia e entropia associadas à transferência dos seus iões constituintes da rede cristalina para as suas posições de equilíbrio no meio hospedeiro produzirem uma redução global da energia livre do sistema [29]. A energia da rede é compensada por interacções exotérmicas ião-polímero. A alteração total da entropia é determinada pelo ganho de entropia provocado pela destruição da rede cristalina e também, por vezes, por alterações na conformação do polímero hospedeiro. As moléculas de polímero sólido têm sítios dadores de electrões que podem formar ligações fracas com a parte catiónica do sal. Estes locais de coordenação encontram-se ao longo da cadeia polimérica e executam movimentos juntamente com a ativação térmica normal da cadeia polimérica. O grau de interação entre os locais de coordenação no polímero e os iões depende da energia de interação entre o catião e/ou o anião e da capacidade do polímero para adotar conformações que permitam múltiplas coordenações inter e intramoleculares [26, 30].

1.3 Caracterização experimental das propriedades físicas e químicas dos electrólitos poliméricos

As várias propriedades físicas e químicas do eletrólito polimérico podem ser estudadas utilizando diferentes técnicas experimentais como a Calorimetria Exploratória Diferencial, a Difração de Raios X, a Espectroscopia de Infravermelhos com Transformada de Fourier e a Viscosidade.

1.3.1 Calorimetria diferencial de varrimento (DSC)

As medições de calorimetria diferencial de varrimento de um polímero ajudam a estudar as transições térmicas e as diferentes fases do polímero. O ponto de fusão e a temperatura de transição vítrea de um polímero podem ser determinados por DSC. Neste processo, são utilizados dois recipientes— : o recipiente de amostra e o recipiente de referência. O polímero é mantido no primeiro e o segundo é mantido vazio. Os recipientes são então aquecidos por um aquecedor. Um computador está equipado para ligar os aquecedores que fornecem calor aos dois recipientes a um ritmo específico. O polímero no recipiente de amostra necessita de mais calor para manter a temperatura do recipiente de amostra a aumentar ao mesmo ritmo que o recipiente de referência. Obtêm-se gráficos da diferença na produção de calor do aquecedor em função da temperatura [Fig.3].

O gráfico do fluxo de calor em função da temperatura mostra uma mudança súbita para cima, após uma determinada temperatura crítica, denominada temperatura de transição vítrea (T_g). No entanto, esta alteração da capacidade térmica ocorre numa gama de temperaturas. Os polímeros têm uma grande mobilidade acima da temperatura de transição vítrea e depois, a uma temperatura adequada, ganham energia suficiente para cristalizar. Isto produz uma queda na curva de fluxo de calor vs. temperatura e a temperatura correspondente no ponto mais baixo da queda é designada por temperatura de cristalização do polímero (T_c) e a área da queda dá uma medida da energia latente de cristalização do polímero. Quando aquecido para além de T_c, o polímero começa a fundir-se. Na temperatura de fusão (T_m), as cadeias saem dos seus arranjos ordenados e começam a mover-se livremente. Há uma absorção de calor que aparece como um pico no gráfico DSC. O calor latente de fusão é obtido através da medição da área deste pico. A temperatura correspondente ao pico é a temperatura de fusão (Tm). Uma vez que o calor é absorvido, a fusão é designada por transição endotérmica [31]. O grau de cristalinidade da amostra pode ser medido através do rácio da área sob a curva para a amostra com uma amostra que é 100% cristalina [32, 33].

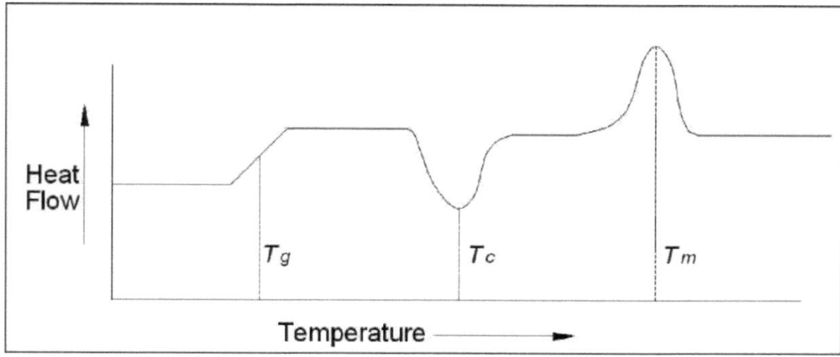

Figura 3: Fluxo de calor vs. temperatura numa curva DSC típica

1.3.2 Espectroscopia de absorção no infravermelho com transformada de Fourier (FTIR)

A análise por espetroscopia de absorção de infravermelhos com transformada de Fourier ajuda a compreender a orientação das moléculas no polímero. A interação entre o campo elétrico e o momento de dipolo magnético da molécula, devido à vibração, provoca a absorção de radiação infravermelha. A absorção é máxima quando o vetor do campo elétrico e o momento de transição do dipolo são paralelos entre si. O FTIR é preferível aos métodos dispersivos ou de grelha, uma vez que não requer calibração externa, a velocidade de varrimento é elevada, a sensibilidade é elevada e o processo é mecanicamente simples. Em vez de analisar cada frequência de infravermelhos individualmente, como acontece com as grelhas/prismas, a espetroscopia FTIR mede todas as frequências de infravermelhos simultaneamente.

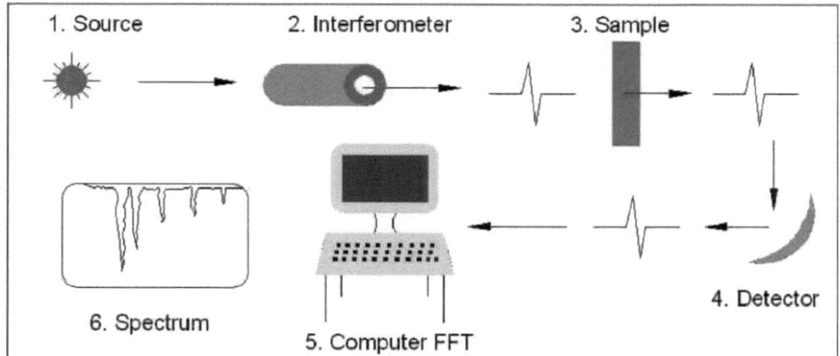

Figura 4: Disposição esquemática para a medição da absorção de FTIR.

Análise de amostras por FTIR

A disposição de uma medição espectroscópica de absorção FTIR típica é apresentada na fig.4. O feixe proveniente de uma fonte de infravermelhos entra no interferómetro, onde tem lugar a "codificação espetral". O interferómetro é constituído por um divisor de feixe que divide o feixe de entrada em dois e que é refletido por dois espelhos, um fixo e o outro capaz de pequenos movimentos lineares. O padrão de interferência do feixe de infravermelhos, denominado sinal de interferograma, incide agora na amostra. O feixe entra no compartimento da amostra, onde é transmitido ou refletido através da superfície da amostra. O sinal da amostra vai para o detetor, normalmente um fotodetector semicondutor, sensível ao infravermelho. O sinal medido é digitalizado e introduzido no computador para a transformação rápida de Fourier (FFT) para descodificação do sinal. Finalmente, obtém-se um gráfico da % de transmitância ou % de absorvância em função do número de ondas. Para um escalonamento relativo, mede-se um espetro de fundo sem qualquer amostra no feixe. Deste modo, são eliminadas todas as características instrumentais e ambientais [31, 34].

%T = I/I0

em que I → intensidade com a amostra

I_0 → intensidade de fundo

Absorvância A = - log10T

1.3.3Técnica de difração de raios X (XRD)

O XRD apresenta um gráfico da intensidade do feixe difractado em função de 20, em que 0 é o ângulo de difração. Os padrões de XRD dos polímeros indicam que o polímero é constituído por regiões cristalinas e amorfas. A parte cristalina dá origem a picos de difração estreitos e nítidos, enquanto a componente amorfa dá origem a picos muito largos, que aparecem como uma auréola. Além disso, a percentagem de cristalinidade da amostra de polímero e as alterações na estrutura bruta da amostra podem ser estimadas calculando o rácio entre as intensidades destes picos [16, 35].

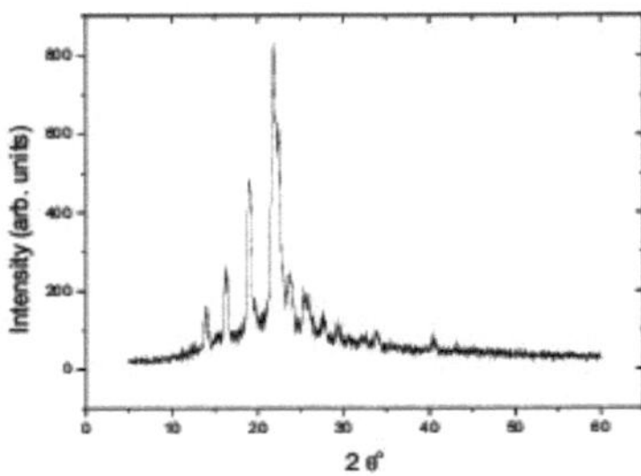

Fig. 5: Um padrão típico de difração de pó de uma amostra

1.3.4 **Medição da viscosidade**

A viscosidade de uma solução diluída de polímero dá uma ideia do peso molecular médio e do comprimento da cadeia do polímero. No entanto, a principal restrição que limita esta correlação é a presença de cadeias ramificadas na estrutura do polímero. Dos métodos normalmente utilizados para a determinação do peso molecular de um polímero, merecem especial destaque as medições de viscosidade e a cromatografia de permeação em gel.

Os polímeros podem ser caracterizados através da definição de pesos moleculares médios de diferentes formas - peso molecular médio numérico, peso molecular médio

peso molecular médio e peso molecular médio da viscosidade. O peso molecular médio numérico é definido como

$$M_n = \frac{\sum n(M)M}{\sum n(M)}$$

e o peso molecular médio ponderal é dado por

$$M_\omega = \frac{\sum n(M)M^2}{\sum n(M)M}$$

onde n(M) é o número de moléculas, cada uma com peso molecular M. Para um polímero de peso molecular uniforme M, a relação empírica entre o coeficiente de viscosidade e o peso molecular é

em que k e a são parâmetros que dependem das estruturas químicas do polímero e do solvente e da temperatura. Quando as moléculas do polímero não são de tamanho uniforme, então M é modificado para Mv, o peso molecular médio da viscosidade,

$$M_V = \left[\frac{\sum n(M)M^{1+a}}{\sum n(M)M}\right]^{\frac{1}{a}}$$

Se n0 e n forem as viscosidades do solvente puro e da solução de concentração c, então podemos definir os vários tipos de viscosidades:

(a) Relative viscosity $\eta_r = \eta / \eta_0$ (1)

(b) Specific viscosity $\eta_{sp} = (\eta - \eta_0)/\eta = \eta_r - 1$ (2)

(c) Inherent viscosity $\eta_i = \ln \eta_r / c$ (3)

(d) Intrinsic viscosity $[\eta] = \lim_{c \to 0} \eta_{sp} / c$ (4)

Ao medir a viscosidade relativa, pode calcular-se a viscosidade incremental, designada viscosidade específica nsp. Se nsp for normalizado para a concentração, então nsp/c dá a viscosidade incremental por unidade de concentração da solução da amostra. No presente estudo, nsfoi medido em várias concentrações e a extrapolação da curva nsp vs. c dá a interceção no eixo nsp que é a viscosidade intrínseca [n].

Outra técnica que permite a determinação do peso molecular médio da viscosidade, especialmente para polímeros, é a Cromatografia de Permeação em Gel (GPC). Nesta técnica, a separação é baseada no tamanho dos analitos e ocorre através da utilização de esferas porosas embaladas numa coluna, existindo uma gama limitada de pesos moleculares que podem ser separados por cada coluna. Por conseguinte, o tamanho dos poros para o empacotamento deve ser escolhido de acordo com a gama de pesos moleculares dos analitos a separar [3638].

Conclusões

A aplicação de radiação gama em electrólitos de polímeros pode aumentar eficazmente a cisão ou degradação da cadeia e a reticulação. Embora estes dois processos ocorram em simultâneo, normalmente um predomina sobre o outro, dependendo das condições de irradiação e da forma, tamanho e natureza química do polímero, etc. A aplicação de radiação gama leva à variação de várias propriedades morfológicas, físicas e eléctricas do eletrólito polimérico. Isto tem amplas aplicações na análise das alterações do comportamento dos polímeros em ambientes de radiação encontrados em reactores nucleares, naves espaciais, aceleradores de partículas, etc. [39].

Referências

1. Kiran E. e Rodriguez F., 23 rd Intern Congr. Pure Appl. Chem., (1971), Butterworths, Londres, Vol.8, P. 175.
2. Zaki M. F., J Phys D. ApplPhys, (2008), 41,175404.
3. Sinha D, Phukan T, Tripathy S P, Mishra R&Dwivedi K K, Radiat. Meas., (2001), 34, 109.
4. Macromol. J. Sci-Phys., (1973), B7(2), 209-224.
5. Seanor D. A., Electrical Properties of Polymers, (1982), Academic Press, Londres.
6. Gray F. M., Polymer Electrolyte Reviews 1, Eds. MacCallum J. R. e Vincent C.A., Elsevier Applied Science Publishers, Londres, 1987.
7. Rattan Sunita, Experiências em Química Aplicada,(2002) página-234.
8. Fenton D. E., Parker J. M. e Wright P. V., Polymer, (1973), 14, 589.
9. Wright P.V., Brit. Poly. J., (1975), 7, 319.
10. Wright P.V., J. Poly. Sci., Poly. Phys. Ed., (1976), 14, 955.
11. Wright P.V. e Lee C.C., Polymer, (1978), 19, 234.
12. Armand M. B., Chabagno J. M. e Duclot M., Segunda Conferência Internacional de Conferência sobre electrólitos sólidos, St. Andrews, (1978).
13. Vincent C. A., Solid State Chem, (1987), 17, 145.
14. Vincent C. A., Electrochemical science and technology of polymer-1, (1987), editado por Linford R. J., Elsevier Applied Science, Londres, p.47.
15. Berthier C., Gorecki W., Minier M., Armand M. B., Chabagno J. M. e Rigaud P., Solid State Ionics, (1983), 11, 91.
16. Tadokoro H., Chatani Y., Yoshihara T., Tahara S. e Murahashi S., Macromol. Chem., (1964), 73, 109.
17. Tadokoro H., Takahashi Y., Chatani Y. e Kakida H., Macromol. Chem, (1967), 109, 96.

18. Papke B. L., Ratner M. A. e Shriver D.F., J. Electrochem. Soc. (1982), 129, 1694.
19. Marcus Y., Ion solvation, Wiley, Chichester, (1985).
20. Young R. J. e Lovell P. A., Indroduction to Polymers, (1991), Segundo edição, Chapman and Hall, Londres.
21. Billmeyer Jr. F.W., Textbook of Polymer Science, (1984), 3rd edition Wiley-Inter-Science, John Wiley and Sons, Nova Iorque.
22. Perepechko I. I., An introduction to polymer physics, (1981), Mir Editores, Moscovo.
23. Gowriker V. R., Vishwanathan N. V. e SreedharJayadeva, Polymer Science, (1996), New Age International New Delhi.
24. Kulznev V. N. e Shershnev V. A., The Chemistry and Physics of Polymers, (1990), Mir Publishers, Moscovo.
25. Bower David I., An Introduction to polymer physics, (2002), Cambridge University press, Nova Iorque.
26. Shriver D.F., Papke B. L., Ratner M. A., Dupon R., Wong T. e Brodwin M., Solid State Ionics, (1981), 5, 83.
27. Lotz J. R., Block B. P. e Fernelius W. C., J. Phys. Chem., (1959), 63, 541.
28. Wilson A. e Presser H. J., Developments in ionic Polymers, (1981), Applied Science Publishers, Londres.
29. Vincent C.A. e MacCallum J. R., Polymer Electrolyte Reviews 1, (1987), MacCallum J. R. e Vincent C. A., Eds., Elsevier Applied Science Publishers, Londres.
30. MacCallum J. R., Tomlin A.S. e Vincent C.A., Eur. Poly. J., (1986), 22, 787.
31. http://pslc.ws/wwww.pslc.ws
32. Ingram M. D., Phys. Chem. Glasses, (1987), 28, 215.
33. John Coates, Interpretação de espectros de infravermelhos, uma abordagem prática em Encyclopedia of Analytical Chemistry Ed. por Meyers R. A. (2000), pp. 10815-10837.
34. Nichetti D. e ManasZloczower I., The Society of Rheology Inc., J. Rheol, julho/agosto (1998), 42, 4.
35. Feuillade G. e Perche P., J. Appl. Electrochem., (1975), 5, 63.
36. TeraokaIwao, John Wiley & Sons, Inc.Soluções de polímeros: Uma introdução às propriedades físicas, (2002).
37. Gary L. Bertranb, Viscosity of Polymer solution, J. Chem. Educ., (1992), 69, 818.
38. www.ias.ac.in/initiat/sci_ed/resources/.../Viscosity.pdf
39. Chapiro A., Radiation Chemistry of polymeric systems, (1962), Wiley-Interscience Nova Iorque.

CAPÍTULO 3

Discussão dos modelos de inventário utilizando a técnica de programação difusa geral

Soumen Banerjee
Departamento de Matemática, Colégio Raja Peary Mohan, Uttarpara, Hooghly 712258, Bengala Ocidental, Índia

Resumo: Dois modelos diferentes de inventário com dois tipos diferentes de restrições são analisados aqui e a técnica de programação difusa geral é discutida aqui como um possível método de solução desses modelos.

Palavras-chave: Otimização Fuzzy, Técnica de Otimização Fuzzy, Técnica de Otimização Fuzzy Geral, Modelo de Inventário

1. Introdução

Tradicionalmente, os modelos de EOQ que lidam com problemas de inventário de revisão contínua assumem frequentemente que a procura durante o período de rutura de stock é completamente atrasada ou completamente perdida, e o tempo de espera é visto como uma constante prescrita ou uma variável aleatória, que, por conseguinte, não está sujeita a controlo. No entanto, isto nem sempre é verdade: por exemplo, em mercados reais, pode observar-se que, quando o sistema de inventário está em rutura de stock, alguns dos clientes podem estar dispostos a esperar pelos seus pedidos, enquanto outros podem satisfazer os seus pedidos a partir de outra fonte. Por isso, muitos investigadores alargaram os modelos de inventário de revisão contínua para incluir a situação de encomendas parciais. Nesse caso, a função de lucro total esperado também se torna um número difuso. Li, Kabadi e Nair [1] discutiram modelos difusos para o problema de inventário de período único. Consideraram o problema de inventário de período único na presença de incertezas. São considerados dois tipos de incertezas, uma decorrente da aleatoriedade, que pode ser incorporada através de uma distribuição de probabilidades, e outra decorrente da imprecisão, que pode ser caracterizada por números difusos. Kao e Hsu [2] desenvolveram um modelo de inventário de período único com procura difusa. Islam e Roy [3] discutiram um modelo de inventário difuso multi-objetivo com uma taxa de deterioração variável. Mandal e Roy [4] discutiram um problema de inventário difuso multi-item com restrições de espaço através do método de programação geométrica. Chou [5] desenvolveu um modelo de inventário difuso de encomendas em atraso e aplicou-o à determinação da quantidade óptima de contentores vazios num porto. Chou [6] também discutiu outro modelo de quantidade de encomenda económica difusa. Panda e Kar [7] analisaram modelos de inventário estocástico multi-item e estocástico fuzzy com objectivos imprecisos e restrições de probabilidade. O problema de programação difusa probabilística é primeiro reduzido a um problema de programação difusa não linear equivalente correspondente. Ambos os problemas são resolvidos através de técnicas de programação não-linear difusa. Das, Roy e Maiti [8] desenvolveram um modelo de inventário difuso comprador-vendedor para um artigo em deterioração com desconto. Em [9], foram também discutidos modelos de inventário estocástico e estocástico difuso para vários artigos com duas restrições. Hideki e Hiroaki [10] resolveram alguns problemas de inventário com custos de escassez difusos. Liang-Yuh e Hung-Chi [11] descreveram um procedimento livre de distribuição minimax para modelos de inventário mistos envolvendo lead time variável com vendas perdidas difusas. Considerando a procura difusa, Chiang e When-Kai [12] apresentam um modelo de inventário de período único. Mahapatra e Roy [13] utilizaram a técnica de Programação Fuzzy Geral num modelo de otimização da fiabilidade.

Embora tenham sido feitas tentativas para estudar o problema do controlo e da manutenção de existências utilizando técnicas analíticas desde o início do século, foi só depois da Segunda Guerra Mundial que se concentrou a atenção na natureza estocástica dos problemas de existências. O texto frequentemente citado foi o de Hadley e Whitin [14] e a primeira publicação sobre a teoria dos conjuntos difusos, de Zadeh [15], mostrou a intenção de ter em conta a incerteza no sentido não estocástico e não a presença de variáveis aleatórias. Bellman e Zadeh [16] introduziram pela primeira vez a teoria dos conjuntos difusos em 30 processos de decisão. Mais tarde, Zimmermann [17, 18] mostrou que os algoritmos clássicos podiam ser utilizados para resolver um problema de programação linear difusa

.

A programação matemática difusa tem sido aplicada em vários domínios, como a rede de projectos, a otimização da fiabilidade, os transportes, a seleção de meios de comunicação para publicidade, a regulação da poluição atmosférica, etc. Podemos ver nos mercados reais que muitos produtos, como roupa, calçado e legumes, cuja taxa de encomendas em atraso (ou equivalentemente, taxa de vendas perdidas) pode ser influenciada pelo substituto, pela fidelidade à marca, pela preferência dos clientes e pela paciência de espera, etc. Por outras palavras, a taxa de vendas perdidas pode variar ligeiramente devido a estes factores potenciais, sendo difícil medir um valor exato para a taxa de vendas perdidas. Na maioria dos modelos de inventário existentes, parte-se do princípio de que os parâmetros de inventário, os objectivos e as restrições são determinísticos e fixos. No entanto, se pensarmos no seu significado prático, estes parâmetros são incertos, aleatórios ou imprecisos. Quando alguns ou todos os parâmetros de um problema de otimização são descritos por variáveis aleatórias, o problema é designado por problema de programação estocástica ou probabilística. Num problema de programação estocástica, as incertezas dos parâmetros são representadas por distribuições de probabilidade. Esta distribuição é estimada com base nos dados aleatórios observados disponíveis. Abdel-Malek, Montanar , Morale [19] discutiram modelos iterativos exactos, aproximados e genéricos para o problema do Newsboy com restrições orçamentais. Jeddi, Shultes e Haji [20] consideraram um sistema de inventário de revisão contínua multi-produto com procura estocástica, encomendas em atraso e uma restrição orçamental. Ao contrário dos modelos conhecidos, os modelos existentes assumem que os custos de aquisição são pagos no momento em que a encomenda é efectuada, o que nem sempre é o caso, uma vez que, em alguns sistemas, os custos de aquisição são pagos quando as encomendas chegam. Neste último caso, o investimento máximo

em existências é aleatório, uma vez que o nível de existências no momento da chegada de

uma encomenda é uma variável aleatória. Assim, o pagamento dos custos de compra aquando da entrega produz uma restrição orçamental estocástica para o inventário. A restrição orçamental pode ser facilmente convertida numa restrição de armazenamento. Haksever e Moussourakis [21] discutiram a determinação das quantidades de encomenda em sistemas de inventário de produtos múltiplos sujeitos a restrições múltiplas e descontos incrementais. Islam e Roy [22] consideraram um modelo de quantidade de produção económica difusa para vários artigos com restrições de espaço. Al-Fawzan e Hariga [23] analisaram um problema integrado de controlo de stocks com um processo médio dependente do tempo. Hala e M. E. EI-Sadani [24] consideraram um modelo de inventário uniforme estocástico de período único com restrições, com distribuições contínuas da procura e custos de detenção variáveis. O objetivo é encontrar a quantidade óptima de compra que minimize o custo total esperado para o período, sob uma restrição do custo de detenção variável esperado, quando a procura durante o período segue as distribuições uniforme e exponencial, utilizando a abordagem do multiplicador de Lagrange. Li e Mao [25] desenvolveram um modelo de inventário de artigos perecíveis com dois tipos de retalhistas. Maiti e Maiti [26] analisaram um modelo de inventário de dois armazenamentos num ambiente misto. Yi e Wo [27] apresentaram o estudo do stock de segurança em ambiente incerto. Gani e Maheswari [28] discutiram a quantidade económica de encomendas para artigos com qualidade imperfeita em que as faltas são encomendadas em ambiente difuso. Sarker e Parija [29] analisaram a dimensão óptima de um lote para um sistema de produção que funciona com uma quantidade fixa e uma política de entregas periódicas.

Sarker e Parija [30] analisaram a dimensão óptima dos lotes e a política de encomendas de matérias-primas para um sistema de produção com um intervalo fixo e um

sistema de entregas com procura irregular. Em

[31], foi abordado o planeamento de operações num sistema de cadeia de

abastecimento com entregas de produtos acabados em intervalos fixos a vários clientes. Nori e Sarker [32] analisaram a programação cíclica de um sistema de produção com vários produtos e uma única instalação, operando segundo uma política just-in-time. Seliaman e Rahman [33] discutiram a otimização das decisões de inventário numa cadeia de abastecimento em várias fases sob exigências estocásticas. Abolhasanpour, Jaafarii e Davoudpour [34] analisaram o planeamento de uma cadeia de abastecimento com entregas em intervalos fixos de produtos manufacturados a múltiplos clientes com uma procura probabilística baseada em cenários.

2. Modelo matemático

Caso de encomendas em atraso: Custo unitário de rutura de stock

Neste caso, a política consiste em encomendar um lote de dimensão Q quando o nível de inventário desce para um ponto de encomenda r e supõe-se que a posição de inventário de um artigo é monitorizada após cada transação. A procura num dado intervalo de tempo é uma variável aleatória e o valor esperado da procura numa unidade de tempo, digamos um ano, é D. Deixemos x denotar a procura durante o tempo de espera e f (x) denotar a sua distribuição de probabilidade.

Com as encomendas em atraso, não há perda de vendas, uma vez que o cliente aguarda a chegada da encomenda se o stock não estiver disponível. O stock de segurança esperado é definido como

$$S = \int_0^\infty (r-x)f(x)dx = r\int_0^\infty f(x)dx - \int_0^\infty xf(x)dx = r - \bar{x}$$

O número de encomendas em atraso por prazo de entrega é zero se x - r < 0 e x - r se x - r > 0. O número esperado de encomendas em atraso por prazo de entrega é

$$E\ (x > r) = \int_r^\infty (x-r)f(x)dx$$

Neste caso, o custo anual do stock de segurança = custo de detenção + custo de saída de stock

$$\text{i.e. } TC = SH + \frac{AD}{Q}\int_{r}^{\infty}(x-r)f(x)dx$$

$$= H(r-\bar{x}) + \frac{AD}{Q}\int_{r}^{\infty}(x-r)f(x)dx$$

São utilizadas as seguintes notações matemáticas:

Para o item

i^{th} :-

ri = ponto de reabastecimento em unidades,

Si = stock de segurança em unidades,

Hi = custo de detenção por unidade de inventário por ano,

Ai = custo de backordering por unidade,

x = procura do ciclo de produção em unidades (uma variável aleatória),

$\bar{x}$ = procura média do ciclo de produção em unidades,

x - r = dimensão da rutura de existências em unidades pi=preço de compra de cada produto

TC= custo anual previsto do stock de segurança,

B= orçamento total

2.1 Modelo matemático I:
Modelo de inventário estocástico multiobjectivo com restrições determinísticas

$$MinTC_i(Q_1,Q_2,......,Q_n,r_1,r_2,......,r_n) = S_iH_i + \frac{K_iD_i}{Q_i}\int_{r_i}^{\infty}(x-r_i)f_i(x)dx$$

sujeito às restrições

$$\sum_{i=1}^{n} p_iQ_i \le B$$

$$l_{Q_i} \le Q_i \le u_{Q_i}, \quad l_{r_i} \le r_i \le u_{r_i}$$

2.2 Modelo matemático II:
Modelo de inventário estocástico multiobjectivo com restrições difusas

$$\widetilde{Min}TC_i(Q_1,Q_2,......,Q_n,r_1,r_2,......,r_n) = S_iH_i + \frac{K_iD_i}{Q_i}\int_{r_i}^{\infty}(x-r_i)f_i(x)dx$$

sujeito às restrições

$$\sum_{i=1}^{n} p_i Q_i \leq \tilde{B} r_i > 0, \text{ for all } i = 1, 2, \ldots\ldots n$$

$$l_{Q_i} \leq Q_i \leq u_{Q_i}, \quad l_{r_i} \leq r_i \leq u_{r_i}$$

(Aqui a barra ondulada '~' indica a "fuzzificação" dos parâmetros)

3. Técnica de programação não-linear difusa geral [GFNLP] para resolver o problema de programação não-linear multiobjectivo [MONLP]

Um problema de Programação Não-Linear Multi-Objetivo (MONLP) ou um problema de Minimização Vetorial (PMV) pode ser considerado da seguinte forma Min $f(x) = [f_1(x), f_2(x), f_3(x), \ldots, f(x)]^T$

$$x \in X = \{x \in R^n : g_j(x) \leq \text{or} = \text{or} \geq b_j \text{ for } j = 1, \ldots\ldots, m$$

Sujeito a $\quad$ and $l_i \leq x_i \leq u_i \ (i = 1, 2, \ldots\ldots, n)\}$.

Zimmermann (i978) mostrou que a técnica de programação difusa pode ser utilizada para resolver o problema de programação multi-objetivo.

Para resolver o problema MONLP, são utilizados os seguintes passos:

PASSO 1: Resolver o problema MONLP como um problema de programação não linear de objetivo único, utilizando apenas um objetivo de cada vez e ignorando os outros, sendo estas soluções conhecidas como soluções ideais.

PASSO 2: A partir do resultado do passoi, determinar os valores correspondentes a cada objetivo em cada solução derivada. Com os valores de todos os objectivos em cada solução ideal, a matriz de compensação pode ser formulada da seguinte forma

$$\begin{array}{c} \\ x^1 \\ x^2 \\ \cdots \\ x^k \end{array} \begin{array}{c} \begin{array}{cccc} f_1(x) & f_2(x) & \ldots\ldots & f_k(x) \end{array} \\ \begin{bmatrix} f_1^*(x^1) & f_2(x^1) & \ldots & f_k(x^1) \\ f_1(x^2) & f_2^*(x^2) & \ldots & f_k(x^2) \\ \ldots & \ldots & \ldots & \ldots \\ f_1(x^k) & f_2(x^k) & \ldots & f_k^*(x^k) \end{bmatrix} \end{array}$$

Aqui $x^i, x^2, \ldots, x^k$ são as soluções ideais das funções objetivo $f_1(x), f_2(x), \ldots, f_k(x)$ respetivamente.

Assim, $U_r = \max \{f_r(x^i), f_r(x^2), \ldots, f_r(x^k)\}$

$$e\ Lr = \min \{fr(x^i), fr(x^2),...,fr(x^k)\}$$

[Lr e Ur são os limites inferior e superior das r^th^ funções objetivo fr(x) para r = 1, 2, ...,k].

PASSO 3: A utilização do nível de aspiração de cada objetivo do problema MONLP pode ser escrita da seguinte forma

Encontrar x de modo a satisfazer

$f_r(x) \lesseqgtr L_r$ (parar = 1, 2,...., k)

x £ X

Neste caso, as funções objetivo de (3.9) são consideradas restrições difusas. Este tipo de restrições difusas pode ser quantificado através da obtenção de uma função de associação correspondente: $\mu_r^{w_r}\ [f_r(x)] = 0 \text{ or} \to 0 \quad \text{if } f_r(x) \geq U_r$

$= w_r \mu_r (f_r(x)) \quad \text{if } L_r \leq f_r(x) \leq U_r \ (r = 1, 2, \ldots\ldots, k)$

$= w_r \quad \text{if } f_r(x) \leq L_r$

Aqui w_r são os pesos $\mu_r\ (f_r\ (x))$ é uma função decrescente estritamente monotónica em relação a fr(x) (r=1, 2, ., k).

Tendo obtido as funções de afiliação (como em (3.10)) $\mu_r^{w_r}\ [f_r(x)]$ para r = 1, 2, ... , k, introduzir uma função de agregação geral

$$\mu_{\tilde{D}}^{w}(x) = G(\mu_1^{w_1}(f_1(x)), \mu_2^{w^2}(f_2(x)), \ldots\ldots\ldots, \mu_k^{w_k}(f_k(x))).$$

Assim, um problema de tomada de decisão multiobjectivo fuzzy pode ser definido como

Máximo $\mu_{\tilde{D}}^{w}(x)$

sujeito a $x \epsilon X$.

Neste caso, adoptamos a decisão Fuzzy baseada no operador mínimo (como a abordagem de Zimmermann (1978)). Assim, o problema reduz-se a:

Máximo α

Sujeito a $\mu_i^{w}\ [f_i(x)] \geq \alpha$ para i = 1, 2, , k

$x \in X, \quad \alpha \varepsilon [0, w], w \varepsilon (0,1]$

$w = \min (w_1, w_2, \ldots, w_k)$

PASSO 4: Resolva-o para obter uma solução óptima.

4. **Técnica de Programação Não Linear Fuzzy Geral [GFNLP] para resolver o problema de Programação Não Linear Fuzzy Multi-Objetivo [FMONLP]**

Assumindo que o decisor (DM) tem metas difusas para cada uma das funções objetivo no problema MONLP (3.9), à semelhança do problema de programação linear multiobjectivo difusa proposto por Zimmermann (1978), é possível suavizar os requisitos rígidos do problema MONLP (3.9), para minimizar estritamente as k funções objetivo sob as restrições dadas. Nessa situação, o problema MONLP pode ser suavizado para a seguinte versão difusa (designada por problema de Programação Não-Linear Multiobjectivo Difusa (FMONLP)):

$\text{Minf}(x) = [f_1(x), f_2(x), f_3(x), \ldots, f_k(x)]^T$ sujeito a x e X

Aqui o símbolo $\tilde{\text{Mi}}$ n denota uma versão relaxada ou difusa de 'Min' com a interpretação de que a função objetivo k deve ser minimizada tanto quanto possível sob as restrições dadas. Assim, o problema (3.i3) é reduzido ao seguinte problema de otimização difusa:

Encontrar x de modo a satisfazer

$f_r(x) \lesssim f_r^0$ for $r = 1, 2, \ldots.., k$

$x \in X$.

Esses requisitos difusos $(f_r(x) \lesssim f_r^0$ for $r = 1, 2, \ldots.., k)$ podem ser quantificadas através da obtenção das funções de filiação $p._r [f_r(x)]$.

Para obter uma função de membro $p._r [f_r (x)]$ do DM para cada uma das funções de objetivo $f_r(x)$ do problema FMONLP, pode sugerir-se a seguinte abordagem: Em primeiro lugar, calcula-se o mínimo individual Lr e o máximo U_r de cada $f_r(x)$ sob as restrições dadas. Em seguida, tendo em conta os mínimos e máximos individuais calculados de cada função objetiva, juntamente com a taxa de aumento da adesão à satisfação, o DM é utilizado para selecionar uma função de adesão de forma subjectiva de entre os vários tipos de funções (por exemplo, linear, exponencial, hiperbólica, inversa hiperbólica, linear por partes, etc.). Os valores dos parâmetros são determinados através da interação com o DM.

Assim, a função de membro $\mu_r^{w_r}[f_r(x)]$ pode ser escrita da seguinte forma:

$$\mu_r^{w_r}[f_r(x)] = 0 \text{ or } \to 0 \quad \text{if } f_r(x) \geq f_r^1$$
$$= w_r \mu_r(f_r(x)) \quad \text{if } f_r^0 \leq f_r(x) \leq f_r^1$$
$$= w_r \quad \text{if } f_r(x) \leq f_r^0 \quad (\text{for } r = 1, 2, \ldots\ldots, k)$$

(para r = 1, 2, , k)

Aqui $\mu_r(f_r(x))$ é uma função decrescente estritamente monotónica em relação a $f_r(x)$.

Esta função de filiação é determinada pedindo ao DM para especificar os dois pontos f_r^0 e f_r^1 dentro de Lr e (i.e $L_r \leq f_r^0 \leq f_r^1 \leq U_r$).

Tendo determinado a função de afiliação para cada uma das funções objetivo, propomos a decisão difusa de Bellman e Zadeh (1970) e, em seguida, utilizando a abordagem de Zimmermann (1976), o problema FMONLP utilizando a função de afiliação de acordo com o operador mínimo é reduzido aos seguintes problemas de programação não linear:

Máximo α

$$\mu_i^{w}(x) f_i(x) \geq \alpha \quad \text{for } i = 1, 2, \ldots\ldots\ldots, k$$

sujeito a $x \in X,\ \alpha \varepsilon [0, w],\ w \varepsilon (0,1]$

$$w = \min(w_1, w_2, \ldots w_k)$$

5.Conclusão

Neste artigo, são discutidos modelos de inventário estocástico multiobjectivo com restrições determinísticas e restrições difusas. Podemos utilizar tanto a técnica de otimização difusa como a técnica de otimização difusa geral para analisar o modelo.

6. Referências:

[1] Lushu Li, Kabadi S. N. e Nair K. P. K. (). *Fuzzy Sets and Systems*, **2002**, 1322, pp. 73-

289.

[2] Kao C. e Hsu Wen-Kai, *Computadores e Matemática com Aplicações*, **2002**, 13, pp. 841-848.

[3] Islam S. e Roy T. K., *J. Tech.*, **2006.** Vol. XXXVIII, No. 2, pp. 27-38.

[4] Mandal N.K. e Roy T. K., *Yugoslav Journal of Operation Research*, **2006**, 16, (1),55-66.

[5] Chien-Chang Chou, *International Journal of Innovative Computing, Information and Control,* **2009**, 5, pp. 4825-4834.

[6] Chien-Chang Chou, *International Journal of Innovative Computing, Information and Control,* **2009**, 5, (9), pp. 2585-2592.

[7] Panda D. e Kar S. (). *Advanced Modeling and Optimization*, **2005**, 7, (1), pp. 155167.

[8] Das K., Roy T. K. e Maiti M. (). *International Journal of System Science*, **2004**, 35 no-8, pp-457-466.

[9] Das K., Roy T. K. e Maiti M., *Computers and Operations Research*, **2004**, 31, pp-1793-1806.

[10] Hideki Katagiri e Hiroaki Ishii, *Fuzzy Sets and Systems*, **2000**, 111, pp. 87-97.

[11] Liang-Yuh Ouyang e Hung-Chi Chang, *International Journal of Production Economics*, **2002**, 76, pp. 1-12.

[12] Chiang Kao e Wen-Kai Hsu, *Computadores e Matemática com Aplicações,* **2002**, 43, pp. 841-848.

[13] Mahapatra, G.S. e Roy, T.K., *Applied Mathematics and Computation*, **2006,** 174, pp. 643-659.

[14] Hadley, G. e Whitin, T.M. (1958). Analysis of inventory systems. Prentice hall, Englewood clifs, NJ.

[15] Zadeh, L. A. (1965). "Fuzzy sets", Information and Control 8, pp. 338-356.

[16] Bellman, R. E. e Zadeh, L. A., *Management Science*, **1970**, pp. 17B141-B164.

[17] Zimmermann, H. J, *International Journal of General Systems*, **1976**, 2, pp. 209215.

[18] Zimmermann, H.Z., *Fuzzy Sets and Systems*, **1978**, 1, pp. 46-55.

[19] Abdel-Malek, L., Montanari, R., Morales, L.C., *International Journal of Production Economics*, **2004**, 91, pp. 189-198.

[20] Jeddi B. G., Shultes B. C. e Haji R., *Europian Journal of Operational Research,* **2004**, 158, pp. 456-469.

[21] Haksever, C., Moussourakis, J., *European Journal of Operational Research,* **2008**, 184, pp. 930-945.

[22] Islam S. e Roy T. K., *Applied Mathematics and Computation* **, 2007**, 184 pp- 326-335.

[23] Al-Fawzan M. A. e Hariga M., *Planeamento e Controlo da Produção*, **2002,** 13 (1), pp. 11-16.

[24]Hala A. F. e El-Saadani M. E., *Journal of Mathematics and Statistics*, **2006**, 2 (1), pp. 334-338.

[25]Jun Li e Jiongwei Mao, *Journal of the Chinese Institute of Industrial Engineers,* **2009**, 26 (3), pp. 176-183.

[26]Maiti, MK e Maiti, M., *Fuzzy Opt. and Dec. making,* **2007**, 6(4), 391-426.

[27]Tan Man-Yi e Tang Xiao-Wo, *Fuzzy Opt. and Dec. making*, **2006**, 5(2), 193202.

[28]Gani AN e Maheswari S, *Advances in Fuzzy Math,* **2010**, 5(2), 91-100.

[29]Sarker, B.R. e Parija, G.R., *European Journal of Operational Research,* **1996**, 89(3), 593-608.

[30]Sarker, B.R. e Parija, G.R., Journal of Operational Research Society, **1994**, 45(8), 891-900.

[31]Sarker BR, Parija GR, *IIE Transactions,* **1999**, 31(1): 1075-1082.

[32]Nori, V.S. e Sarker, B.R., *Journal of Operational Research Society*, **1996,** 47(7), 930-935.

[33]Seliaman ME, Rahman ABA, *Appl. Math. Comput.,* **2008,** 206: 538-542.

[34]M. Abolhasanpour, A. Ardestani Jaafarii, H. Davoudpour (2009).Planeamento do inventário e da produção num sistema de cadeia de abastecimento com entregas em intervalos fixos de produtos fabricados a vários clientes com uma procura probabilística baseada em cenários. Actas do Congresso Mundial de Engenharia e Ciências da Computação Vol II, São Francisco, EUA.

CAPÍTULO 4

Exame dos conceitos-chave das bases de dados paralelas: Teorias, Estruturas e Aperfeiçoamento

RUPALI BANERJEE
Departamento de Informática e Engenharia
Instituto Futuro de Engenharia e Gestão
Sonarpur,Kol-150
Bengala Ocidental

RESUMO

Para satisfazer as necessidades crescentes do processamento de dados contemporâneo, as bases de dados paralelas tornaram-se essenciais. Este documento explora os princípios básicos das bases de dados paralelas, descrevendo os seus objectivos, restrições e diferenças arquitectónicas. São discutidas as vantagens do aumento de velocidade e do aumento de escala, e são clarificados os sistemas de memória partilhada, disco partilhado e disco sem partilha. Também são examinadas as vantagens de um sistema de disco partilhado, que é uma arquitetura comum de base de dados paralela. Um componente crucial que torna possível a recuperação e a manipulação rápidas de grandes conjuntos de dados é o processamento paralelo de consultas. Várias técnicas de particionamento de dados, incluindo o particionamento por intervalo, hash e round-robin, são essenciais para a otimização do sistema de base de dados paralela. Cada tática é analisada em pormenor, com ênfase nas suas vantagens e utilizações. Além disso, o resumo faz a distinção entre sistemas de bases de dados paralelos e distribuídos.

Introdução

A evolução dos sistemas de bases de dados paralelas tem sido objeto de extensa investigação, tal como refletido na rica literatura de trabalhos proeminentes. Os sistemas de bases de dados paralelas são o caminho do futuro para a computação de alto desempenho, de acordo com DeWitt e Gray [1], que salientam a sua importância potencial. O campo tem sido grandemente afetado por ideias inovadoras como o sistema de processamento de consultas Volcano (Graefe, [2]) e Sagas (Garcia-Molina & Salem, [3]). A investigação de esqueletos no armário da base de dados (Haas & Shasha, [4]) e as ideias de conceção do POSTGRES (Stonebraker & Rowe, [5]) permitiram obter conhecimentos importantes. O âmbito é alargado por métodos de ensemble (O'Neil et al., [6]) e conceitos de extração de dados (Han & Kamber, [7]), enquanto as referências fundamentais incluem princípios de sistemas de bases de dados distribuídas (Ozsu & Valduriez, [8]) e programação paralela
(Valduriez, [9]). Por último, mas não menos importante, a viabilidade das linguagens baseadas em regras em bases de dados activas (Zdonik & Maier, [10]) completa o panorama, formando uma compreensão abrangente dos avanços das bases de dados paralelas. O objetivo deste artigo é examinar as ideias básicas por detrás das bases de dados paralelas, destacando os seus objectivos, limitações, variações arquitectónicas e a importância do

processamento paralelo de consultas. Também faz uma distinção entre sistemas de bases de dados distribuídas e paralelas e centra-se em técnicas de particionamento de dados especificamente para otimização

Análise dos conceitos-chave das bases de dados paralelas: Estruturas

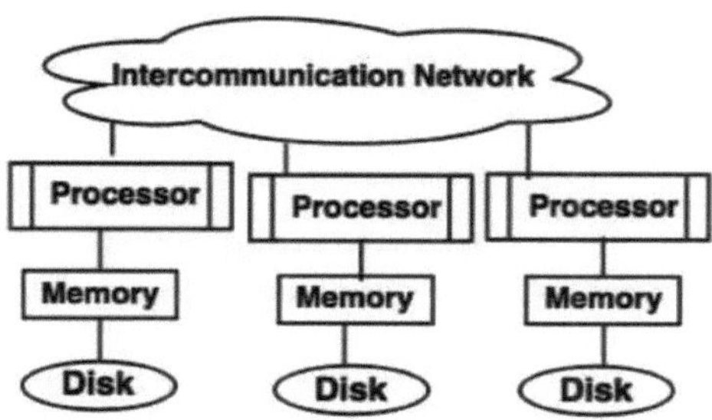

- Por vezes, o servidor cliente e o sistema centralizado não são muito eficientes para lidar com grandes quantidades de dados com uma elevada taxa de transferência de dados.
- As empresas precisam de tratar uma enorme quantidade de dados com uma elevada taxa de transferência de dados. O servidor cliente e o sistema centralizado não são muito eficientes.
- A necessidade de melhorar a eficiência deu origem ao conceito de bases de dados paralelas.
- O sistema de base de dados paralela melhora o desempenho do processamento de dados utilizando vários recursos em paralelo, como várias CPU e discos utilizados paralelamente.
- Também efectua muitas operações de paralelização, como o carregamento de dados e o processamento de consultas.

Objectivos das bases de dados paralelas

O conceito de base de dados paralela foi criado com o objetivo de:

Melhorar o desempenho:

O desempenho do sistema pode ser melhorado ligando várias CPU e discos em paralelo. Muitos processadores pequenos também podem ser ligados em paralelo.

Melhorar a disponibilidade dos dados:

Os dados podem ser copiados para várias localizações para melhorar a disponibilidade dos dados.

Por exemplo: se um módulo contém uma relação (tabela na base de dados) que não está disponível, é importante torná-la disponível a partir de outro módulo.

Melhorar a fiabilidade:

A fiabilidade do sistema é melhorada pela exaustividade, exatidão e disponibilidade dos dados.

Fornecer acesso distribuído aos dados:

As empresas com muitas sucursais em várias cidades podem aceder aos dados com a ajuda de um sistema de base de dados paralelo.

Parâmetros para bases de dados paralelas

Alguns parâmetros para avaliar o desempenho das bases de dados paralelas são

1. Tempo de resposta: É o tempo necessário para completar uma única tarefa num determinado período de tempo.

2. Aceleração da base de dados paralela:

Acelerar é o processo de aumentar o grau de paralelismo (de recursos) para completar uma tarefa em execução em menos tempo.

O tempo necessário para executar uma tarefa é **inversamente proporcional** ao número de recursos.

Aceleração da base de dados paralela:

O aumento de velocidade é definido como o rácio entre o tempo de execução com um processador e o tempo de execução com vários processadores. Mede a melhoria de desempenho obtida com a utilização de vários processadores em vez de um único processador e é calculada através da seguinte fórmula:

Aceleração = Tempo1 / Tempoem

Time1 é o tempo que demora a executar uma tarefa utilizando apenas um processador, enquanto Timem é o tempo que demora a executar essa mesma tarefa utilizando m processadores.

Exemplo de aceleração

A figura mostra uma consulta que demora quatro minutos a ser concluída utilizando um processador, mas que demora apenas um minuto a ser concluída utilizando quatro processadores.

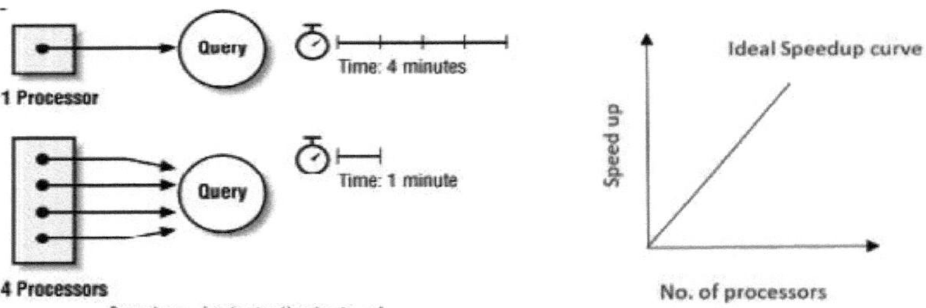

Aceleração = 4 / 1

Aceleração = 4,0

Neste caso, o aumento de velocidade é de 4. Multiplicando o número de processadores por 4, a consulta é concluída num quarto do tempo. Infelizmente, um resultado tão ideal raramente é alcançado na vida real.

Aceleração linear

O aumento de velocidade é linear se o aumento de velocidade for N. Ou seja, o tempo decorrido do sistema pequeno é N vezes maior do que o tempo decorrido do sistema grande (N é o número de recursos, por exemplo, CPU).

Por exemplo, se uma única máquina fizer o trabalho em 10 segundos e se uma máquina paralela (10 máquinas individuais) fizer o mesmo trabalho em 1 segundo, então o aumento de velocidade é (10/1)=10 e é linear porque o aumento de velocidade é conseguido devido ao sistema 10 vezes mais potente.

Aceleração sub-linear
O aumento de velocidade é sub-linear se o aumento de velocidade for inferior a N (o que é habitual na maioria dos sistemas paralelos).
Outros debates úteis:
Se o Speedup for N, ou seja, Linear, significa que o desempenho esperado foi alcançado.
Se o Speedup não for igual a N, então são possíveis os dois casos seguintes;
Caso 1: Se Speedup > N, significa que o sistema tem um desempenho superior àquele para que foi concebido. O valor de Speedup neste caso seria inferior a 1.
Caso 2: Se Speedup < N, então é sub-linear. Neste caso, o denominador (tempo decorrido do sistema grande) é superior ao tempo decorrido de uma única máquina.

Aumentar a escala na base de dados paralela:

O aumento de escala é a capacidade de manter o desempenho constante, quando o número de processos e recursos aumenta proporcionalmente.
Aumento de escala
O aumento de escala é a capacidade de uma aplicação manter o tempo de resposta à medida que o tamanho do trabalho ou o volume da transação aumenta, adicionando processadores e discos adicionais

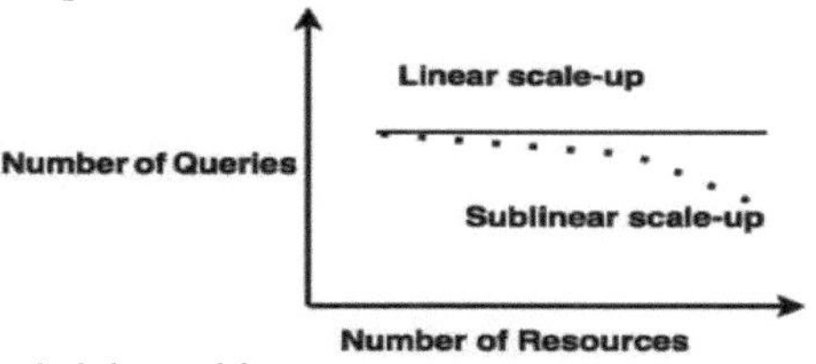

Aumento de escala em bases de dados paralelas

Por exemplo:
Um sistema de 4 processadores pode fornecer o mesmo tempo de resposta com uma carga de trabalho de 400 transacções por minuto que o tempo de resposta de um sistema de processador único que suporta uma carga de trabalho de 100 transacções por minuto.
O aumento de escala é calculado através da seguinte fórmula:
Aumento de escala = Volumem / Volume1
Volumem= é o volume de transacções executado num determinado período de tempo utilizando m processadores
Volume1 =é o volume de transação executado ao mesmo tempo utilizando um processador.
Para o nosso exemplo anterior:
Aumento de escala = 400 / 100
Aumento de escala = 4
este aumento de escala de 4 é conseguido com 4 processadores. Este é um exemplo de aumento de escala ideal (linear).
Arquitetura de Base de Dados Paralela
Tipos de arquitetura de bases de dados paralelas

Shared memory system

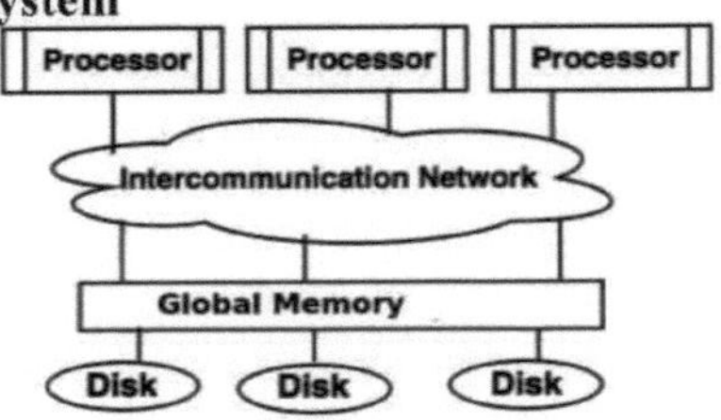

Shared Memory System in Parallel Databases

- O sistema de memória partilhada utiliza vários processadores que estão ligados a uma memória partilhada global através de um canal de intercomunicação ou barramento de comunicação.
- Os sistemas de memória partilhada têm uma grande quantidade de memória cache em cada processador, pelo que a referência à memória partilhada é evitada.
- Se um processador efetuar uma operação de escrita numa localização de memória, os dados devem ser actualizados ou removidos dessa localização.

Vantagens do sistema de memória partilhada

Os dados são facilmente acessíveis a qualquer processador.

Um processador pode enviar mensagens para outro de forma eficiente.

Desvantagens do sistema de memória partilhada

O tempo de espera dos processadores aumenta devido ao maior número de processadores.

Problema de largura de banda (a largura de banda descreve a taxa máxima de transferência de dados de uma rede ou ligação à Internet).

Sistema de discos partilhados

- O sistema de disco partilhado utiliza vários processadores que são acessíveis a vários discos através de um canal de intercomunicação e cada processador tem memória local.
- Cada processador tem a sua própria memória, pelo que a partilha de dados é eficiente.
- O sistema construído em torno deste sistema é designado por clusters.

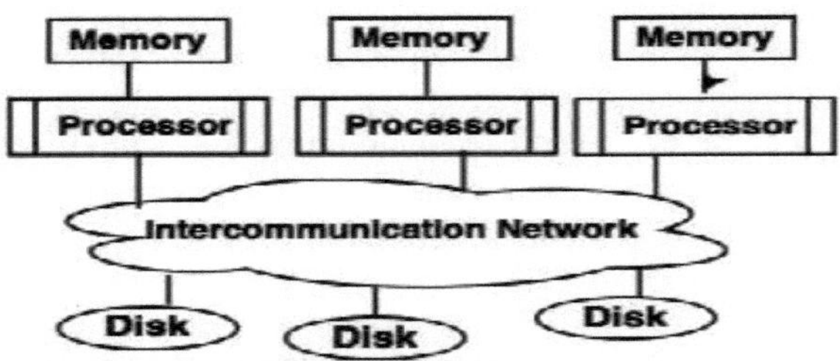

Shared disk system in Parallel Databases

Vantagens do sistema de discos partilhados

A tolerância a falhas é conseguida utilizando um sistema de disco partilhado.

Tolerância a falhas: Se um processador ou a sua memória falhar, o outro processador pode completar a tarefa. É o que se designa por tolerância a falhas.

Desvantagem do sistema de discos partilhados

O sistema de disco partilhado tem uma escalabilidade limitada, uma vez que uma grande quantidade de dados viaja através do canal de interligação.
Se forem adicionados mais processadores, os processadores existentes ficam mais lentos.

Sistema de disco nada partilhado

- Cada processador no sistema de nada partilhado tem a sua própria memória local e disco local.
- Os processadores podem comunicar entre si através de um canal de intercomunicação.
- Qualquer processador pode atuar como servidor para servir os dados que estão armazenados no disco local.

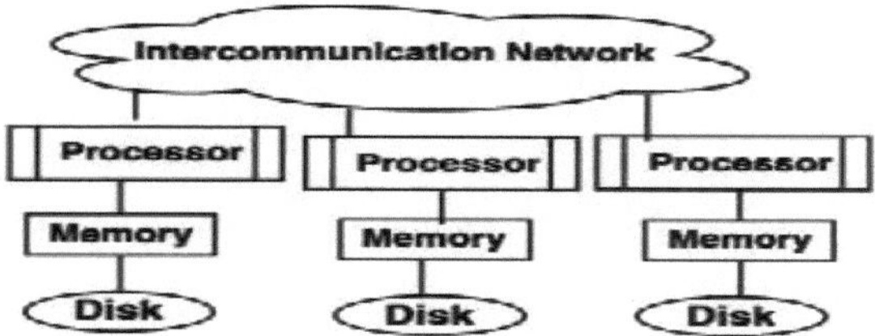

Shared nothing disk system in Parallel Databases

Vantagens do sistema de disco nada partilhado

O número de processadores e de discos pode ser ligado de acordo com os requisitos do sistema de discos não partilhados.
O sistema de disco não partilhado pode suportar muitos processadores, o que torna o sistema mais escalável.

Desvantagens do sistema de disco nada partilhado

O particionamento de dados é necessário no sistema de disco nada partilhado.
O custo de comunicação para aceder ao disco local é muito mais elevado.

Processamento de consultas em paralelo

Paralelismo de consultas

- Execução de consulta/consultas de base de dados em paralelo
- O conceito de paralelismo pode ser explorado na execução de múltiplas consultas à base de dados em paralelo

Técnicas de avaliação de consultas

As duas técnicas utilizadas na avaliação de consultas são as seguintes:
1. Paralelismo entre consultas
2. Paralelismo intra-consulta

1. Paralelismo entre consultas

Esta técnica permite executar várias consultas em diferentes processadores ao mesmo tempo.

Execução de múltiplas consultas em paralelo, dividindo a carga de trabalho, como se cada consulta individual fosse atribuída a processadores

individuais, etc.

Por exemplo:

Se houver 6 consultas, cada consulta demorará 3 segundos a ser avaliada. Assim, o tempo total necessário para concluir o processo de avaliação é de 18 segundos. O paralelismo entre consultas permite realizar esta tarefa em apenas 3 segundos.

No entanto, é difícil conseguir sempre o paralelismo entre consultas.

Exemplo:
SELECT*FROM EMP;
SELECT* FROM DEPT WHERE MGRNAME='Steve';
SELECT Furniture_Name,Cost From Furniture;

O paralelismo entre consultas diz respeito a "como podemos executar todas as as consultas acima referidas em simultâneo, utilizando servidores paralelos, de modo a que cada transação não tenha de esperar pela conclusão da outra

2. Paralelismo intra-consulta

- Nesta técnica, a consulta é dividida em subconsultas que podem ser executadas simultaneamente em diferentes processadores, o que minimizará o tempo de avaliação da consulta.
- O paralelismo intra-consulta melhora o tempo de resposta do sistema.
- Execução de uma única consulta em paralelo, dividindo a carga de trabalho entre vários processadores.

Por exemplo:

Se tivermos 6 consultas, que podem demorar 3 segundos a concluir o processo de avaliação, o tempo total para concluir o processo de avaliação é de 18 segundos. Mas podemos realizar esta tarefa em apenas 3 segundos utilizando a avaliação intraconsulta, uma vez que cada consulta é dividida em subconsultas.

Estratégias de partição de dados em sistemas de bases de dados paralelas

- O particionamento das tabelas/bases de dados é um passo muito importante na paralelização das actividades da base de dados.
- Ao repartir os dados distribuídos igualmente pela carga de trabalho de muitos processadores diferentes, podemos obter um melhor desempenho (melhor paralelismo) de todo o sistema

Estratégias de partição:

Existem várias estratégias de particionamento propostas para gerir a distribuição de dados em vários processadores de forma uniforme.

Vamos supor que no nosso sistema de base de dados paralela temos
n processadores P0, P1, P2, ..., Pn-1 e
n discos D0, D1, D2, ..., Dn-1 onde particionamos os nossos dados.

O valor de n é escolhido de acordo com o grau de paralelismo necessário.

As estratégias de partição são,

A. Particionamento Round-Robin
B. Particionamento de hash
C. Partição de intervalos

A. Particionamento Round-Robin

- Comecemos com a seguinte tabela Emp_table.
- A instância Emp_table tem 14 registos e cada registo armazena informações

sobre o nome do empregado, o seu grau de trabalho e o nome do departamento.

- Suponha que temos 3 processadores, nomeadamente P0, P1, P2, e 3 discos associados a esses 3 processadores, nomeadamente D0, D1, D2.
- Na estratégia Round-Robin, particionamos os registos de forma round-robin utilizando a funçãoi mod n, em que i é a posição do registo na tabela e n é o número de partições/discos, que no nosso caso é 3.
- Na aplicação da técnica de particionamento, o primeiro registo vai para D1, o segundo registo vai para D2, o terceiro registo vai para D0, o quarto registo vai para D1, e assim sucessivamente. Após a distribuição dos registos, obtemos as seguintes partições;

Emp_table		
ENAME	GRADE	DNAME
SMITH	1	RESEARCH
BLAKE	4	SALES
FORD	4	RESEARCH
KING	5	ACCOUNTING
SCOTT	4	RESEARCH
MILLER	2	ACCOUNTING
TURNER	3	SALES
WARD	2	SALES
MARTIN	2	SALES
ADAMS	1	RESEARCH
JONES	4	RESEARCH
JAMES	1	SALES
CLARK	4	ACCOUNTING
ALLEN	3	SALES

Table 1 – Emp_table

Emp_table_Partition0		
ENAME	GRADE	DNAME
FORD	4	RESEARCH
MILLER	2	ACCOUNTING
MARTIN	2	SALES
JAMES	1	SALES

Table 2 – Records 3, 6, 9, 12 mod 3

Emp_table_Partition1		
ENAME	GRADE	DNAME
SMITH	1	RESEARCH
KING	5	ACCOUNTING
TURNER	3	SALES
ADAMS	1	RESEARCH
CLARK	4	ACCOUNTING

Table 3 – Records 1, 4, 7, 10, 13 mod 3

B. Particionamento de hash

- Tomemos o atributo GRADE da tabela Emp_table para explicar o particionamento Hash.
- Escolhamos uma função hash da seguinte forma;
- h(GRADE) = (GRADE mod n)
- Em que GRADE é o valor do atributo GRADE de um registo
- n é o número de partições, que é 3 no nosso caso.
- Ao aplicar o particionamento de hash a GRADE, obtemos as seguintes partições de Emp_table. Por exemplo, o GRADE de "Smith" é 1 e, ao aplicar o hash, a função mostra a partição 1 (ou seja, 1 mod 3 = 1). A classificação de "Blake" é 4, logo (4 mod 3) leva à partição 1. O GRADE de "King" é 5, o que leva à partição 2 (5 mod 3 = 2).

Emp_table		
ENAME	GRADE	DNAME
SMITH	1	RESEARCH
BLAKE	4	SALES
FORD	4	RESEARCH
KING	5	ACCOUNTING
SCOTT	4	RESEARCH
MILLER	2	ACCOUNTING
TURNER	3	SALES
WARD	2	SALES
MARTIN	2	SALES
ADAMS	1	RESEARCH
JONES	4	RESEARCH
JAMES	1	SALES
CLARK	4	ACCOUNTING
ALLEN	3	SALES

Table 1 – Emp_table

Emp_table_Partition2		
ENAME	GRADE	DNAME
BLAKE	4	SALES
SCOTT	4	RESEARCH
WARD	2	SALES
JONES	4	RESEARCH
ALLEN	3	SALES

Table 4 – Records 2, 5, 8, 11, 14 mod 3

Emp_table_Partition0		
ENAME	GRADE	DNAME
TURNER	3	SALES
ALLEN	3	SALES

Table 5 – GRADEs 3 mod 3

Emp_table_Partition0		
ENAME	GRADE	DNAME
SMITH	1	RESEARCH
MILLER	2	ACCOUNTING
WARD	2	SALES
MARTIN	2	SALES
ADAMS	1	RESEARCH
JAMES	1	SALES

Table 8 – GRADE values 1 and 2

Emp_table		
ENAME	GRADE	DNAME
SMITH	1	RESEARCH
BLAKE	4	SALES
FORD	4	RESEARCH
KING	5	ACCOUNTING
SCOTT	4	RESEARCH
MILLER	2	ACCOUNTING
TURNER	3	SALES
WARD	2	SALES
MARTIN	2	SALES
ADAMS	1	RESEARCH
JONES	4	RESEARCH
JAMES	1	SALES
CLARK	4	ACCOUNTING
ALLEN	3	SALES

Table 1 - Emp_table

Emp_table_Partition1		
ENAME	GRADE	DNAME
SMITH	1	RESEARCH
BLAKE	4	SALES
FORD	4	RESEARCH
SCOTT	4	RESEARCH
ADAMS	1	RESEARCH
JONES	4	RESEARCH
JAMES	1	SALES
CLARK	4	ACCOUNTING

Table 6 - GRADEs 1, 4 mod 3

Emp_table_Partition2		
ENAME	GRADE	DNAME
KING	5	ACCOUNTING
MILLER	2	ACCOUNTING
WARD	2	SALES
MARTIN	2	SALES

Table 7 - GRADEs 2, 5 mod 3

C. Partição de intervalos

- Consideremos o GRADE da tabela Emp_table a ser particionado segundo o particionamento por intervalo.
- Para aplicar a partição de intervalos, é necessário identificar primeiro o vetor de partição
- Vamos escolher o seguinte vetor como vetor de partição de gama para o nosso caso;[2, 4]

JDe acordo com o vetor, os registos com o valor GRADE 2 ou inferior irão para a partição 0,

Jmaior que 2 e menor ou igual a 4 irá para a partição 1,

Je todos os outros valores (superiores a 4) irão para a partição 2, tal como ilustrado nas tabelas seguintes.

PARALELA VS. BASE DE DADOS DISTRIBUÍDA

BASE DE DADOS DISTRIBUÍDA

JOs dados são armazenados fisicamente em vários locais

JCada sítio é gerido por um SGBD independente

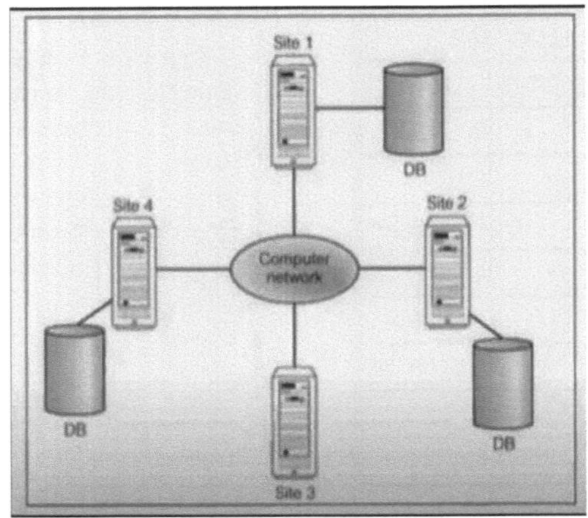

BASE DE DADOS PARALELA

J As máquinas estão fisicamente próximas umas das outras, ou seja, na mesma sala de servidores.

J Vários profissionais estão a tratar a base de dados

J A base de dados é partilhada e particionada

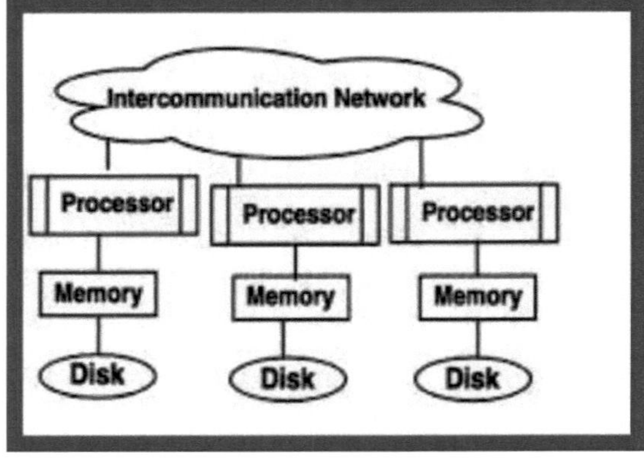

Base de dados paralela	Base de dados distribuída
Vários processadores executam o	Vários sítios estão a trabalhar numa
operações de base de dados em paralelo	base de dados distribuída entre eles
Os processadores estão fortemente acoplados e localizados num único local	Os sítios estão separados geograficamente
Suporta três tipos de memória partilhada J Memória partilhada *s* Disco partilhado *J*Nada partilhado	Suporta uma arquitetura *J*Nada partilhado
É capaz de gerir consultas complexas a bases de dados	Funciona apenas para consultas simples, uma vez que não partilha qualquer recurso
Os nós estão ligados através da LAN, pelo que a velocidade é elevada	Os sítios estão ligados através da WAN (Internet), a velocidade é relativamente baixa
Suporta a gestão de recursos partilhados, uma vez que os nós partilham a base de dados.	Não é necessária a gestão de recursos partilhados
Mantido por um único administrador de base de dados	Cada sítio é mantido por um administrador de base de dados separado
Todos os nós trabalham com uma única política	Os sítios estão situados em diferentes locais com diferentes políticas

Conclusão

No final, o estudo das bases de dados paralelas mostra como elas são fundamentais para satisfazer as exigências crescentes do processamento moderno de dados. Este estudo explora exaustivamente as ideias básicas subjacentes às bases de dados paralelas, explicando os seus objectivos, limitações e diferenças arquitectónicas. As discussões sobre os benefícios da aceleração e do aumento de escala destacam a importância dos sistemas de memória partilhada, disco partilhado e disco não partilhado, com destaque para as vantagens da arquitetura de disco não partilhado em particular. A importância do processamento paralelo de consultas é realçada pela sua análise como um elemento crítico para a recuperação e manipulação rápidas de grandes bases de dados. O particionamento por intervalo, hash e round-robin são apenas algumas das estratégias de particionamento de dados que podem ser analisadas minuciosamente para saber mais sobre a sua função crucial na otimização de sistemas de bases de dados paralelas. Além disso, a distinção feita no resumo entre distribuído e paralelo.

Referências

1. Gray, J., e DeWitt, D. J. (1992). High-performance database systems of the future: parallel databases. ACM Communications, 35(6), 85-98.

2. Graefe (1990) G. Volcano é um sistema de avaliação de consultas paralelas que é extensível. 2(1), 40-53, IEEE Transactions on Knowledge and Data Engineering.
3. Salem, K., e Garcia-Molina, H. (1987). Sagas, 16(4) ACM SIGMOD Record, 249-259.
4. Shasha, D., e Haas, L. M. (1989). No armário das bases de dados, os esqueletos. 14(1), 106-134, ACM Transactions on Database Systems (TODS).
5. Rowe, L. A., e Stonebraker, M. (1986). O projeto POSTGRES. In the Proceedings of the International Conference on Management of Data, ACM SIGMOD, 1986 (pp. 340-355).
6. Ushio, T., Graefe, G., e P. O'Neil (1993). ensemble approaches for decision support and database systems. 22(2) ACM SIGMOD Record, 214-224.
7. Kamber, M., e Han, J. (2006). Extração de dados: princípios e métodos.
8. Ozsu, Tamer M., & Valduriez, Patrick. (2011). Distributed Database Systems: Principles and Systems. Springer.
9. Valduriez, P. (2012). Sistemas de base de dados paralelos: O futuro do processamento de bases de dados de alto desempenho. Morgan & Claypool Publishers.
10. Zdonik, S. B., & Maier, D. (1986). A viabilidade de linguagens baseadas em regras em bases de dados activas. In Proceedings of the ACM SIGMOD International Conference on Management of Data (pp. 1-10).

CAPÍTULO 5

Revisão de alguns importantes agentes anti-cancro à base de imidazol

Chandana Pramanik

Colégio Dinabandhu Andrews, Garia, Calcutá-700084

Email-chandanapramanik83@gmail.com

Resumo: Os compostos que tratam doenças graves, como a tuberculose, a malária e até o cancro, podem conter classes químicas heterocíclicas, como a quinolina, a quinazolina, a quinoxalina, a pirimidina, a pirazolina, o 1,2,4-triazol, o imidazol, o benzimidazol, a isoxazolina, a isoquinolina, o pirazol e o isoxazol. Os imidazóis são blocos de construção essenciais de compostos úteis com uma vasta gama de utilizações. Nos últimos anos, tem-se assistido a uma investigação considerável sobre os seus derivados devido às suas propriedades adaptáveis em química e farmacologia.

Palavra-chave - Imidazol, Atividade biológica

Introdução: Um importante problema de saúde mundial, o cancro é definido por uma divisão celular aberrante e um crescimento descontrolado. Segundo a Organização Mundial de Saúde, o cancro é a segunda causa de morte mais comum em todo o mundo, sendo responsável por mais de 9,6 milhões de mortes, ou seja, uma em cada seis mortes, em 2018. De acordo com o Relatório do Programa Nacional de Registo do Cancro 2020 publicado pelo ICMR Índia, haverá 13 90 000 novos casos de cancro na Índia em 2020 e, até 2025, espera-se que este número aumente para 15 70 000. Mesmo com uma série de medicamentos anticancerígenos, o cancro não pode ser totalmente tratado, sobretudo quando está avançado [1].

Devido à sua adaptabilidade inerente e características físico-químicas distintas, a maioria dos compostos de heterociclo e os fragmentos de heterociclo geralmente frequentes encontrados na maioria dos medicamentos atualmente no mercado estabeleceram-nos como verdadeiros pilares da química medicinal. Para além dos medicamentos que estão atualmente no mercado, muitos outros estão a ser investigados pela sua possível eficácia no tratamento de uma variedade de cancros [2]. Apesar de uma variedade de efeitos adversos, os heterociclos são o bloco de construção fundamental de muitos medicamentos utilizados na quimioterapia. Como blocos de construção essenciais para criar moléculas biológicas activas, os químicos medicinais estão a concentrar-se em compostos heterocíclicos contendo azoto, como o pirrol, a pirrolidina, a piridina, o imidazol, as pirimidinas, o pirazol, o indol, a quinolina, o oxadiazol, o azol, o benzimidazol, etc. A estratégia antiproliferativa é uma das abordagens mais importantes para gerir esta doença fatal entre os muitos tratamentos contra o cancro. O estudo de diferentes derivados de imidazol é uma classe importante de compostos heterocíclicos. Apresenta resultados intrigantes, tais como propriedades antibacterianas, antituberculosas, anticancerígenas, antifúngicas, analgésicas e anti-HIV, e também demonstrou resultados promissores na maioria das actividades farmacológicas [3]. O objetivo desta investigação é rever as propriedades de combate ao cancro dos heterociclos nos anos anteriores.

Importância biológica dos medicamentos que contêm imidazóis

É o componente fundamental de vários produtos naturais, incluindo estruturas baseadas no ADN, purinas, histidinas e histaminas. O imidazol é a molécula heterocíclica mais conhecida de entre as outras devido à sua grande variedade de características químicas e biológicas.

O imidazol é atualmente um sintético crucial para a criação de novos medicamentos. Os imidazóis são compostos aromáticos com um valor de ressonância de 14,2 K cal/mol, que é cerca de metade do valor dos pirazóis. Os imidazóis sofrem normalmente uma substituição electrofílica, enquanto o seu núcleo contém um grupo retirador de electrões que provoca uma substituição nucleofílica. Os novos imidazóis são prejudiciais para as células porque alteram a expressão de HIF-1a, perturbam o equilíbrio redox e afectam o potencial da membrana mitocondrial. Os medicamentos anticancerígenos dividem-se em várias classes principais, como as hormonas, os agentes alquilantes, os antimetabolitos e os compostos naturais.

A molécula aromática imidazol 1 tem cinco membros e dois átomos de azoto anulares. Um dos azoto apresenta um comportamento do tipo pirrolo, enquanto o outro é mais semelhante ao comportamento do tipo piridina. Esta estrutura é conhecida pelo seu nome sistemático, 1,3-diazol, que não é frequentemente utilizado na literatura química. Uma teoria alternativa é um modo de ação por supressão da síntese de ADN. O esterol primário das membranas fúngicas, o ergosterol, não é biossintetizado pelos derivados de imidazol. A produção de triglicéridos e fosfolípidos é afetada de forma semelhante por estas substâncias.

Síntese de Imidazol:

Um anel químico essencial presente em muitos medicamentos actuais é o imidazol [5]. Uma vez que o átomo de hidrogénio pode ser encontrado em qualquer um dos dois átomos de azoto, este anel pode ser encontrado em duas formas tautoméricas equivalentes [6]. Heinrich Debus criou originalmente o imidazol em 1858 utilizando formaldeído

e glioxal. Embora a percentagem de produção deste protocolo seja bastante baixa, os imidazóis C-substituídos continuam a ser fabricados com este protocolo. Mais tarde, em 1977, Van Leusen utilizou tosilmetilisocianeto e aldiminas numa síntese de três componentes para criar imidazol.

A dacarbazina foi o primeiro medicamento anticancerígeno à base de imidazol a ser bem sucedido, o que despertou o interesse na criação de agentes imidazólicos. Os imidazóis são uma das várias famílias de compostos heterocíclicos estruturados que foram desenvolvidos para utilização em vários tratamentos contra o cancro. Estas moléculas visam diversos alvos nas células cancerígenas. Os imidazóis demonstraram ter potencial anticancerígeno em numerosas publicações de investigação [7]. Os diferentes compostos heterocíclicos têm um forte potencial antiproliferativo, especialmente os imidazóis. Chen et al. [4] revelaram a utilização de dezassete compostos análogos do imidazol e da imidazolina como fármacos antiproliferativos malignos.

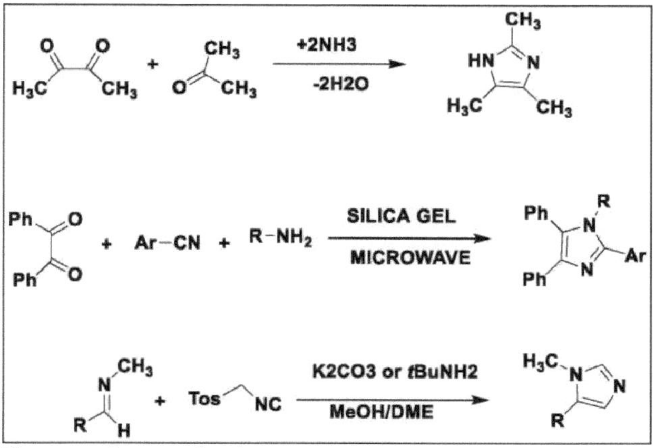

Figura 1. Diferentes formas de síntese.

Quinze novos compostos híbridos imidazol-piridina com diferentes substituições do nitrogénio do imidazol foram criados por B. Aruchamy et al. [8] utilizando processos de síntese e alquilação num só lote em 2023.

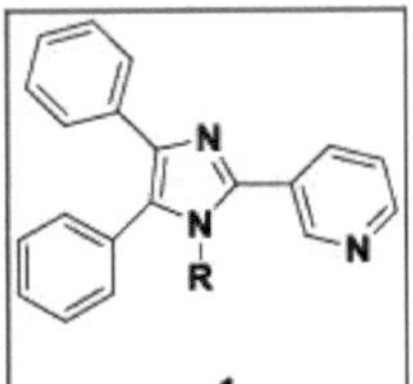

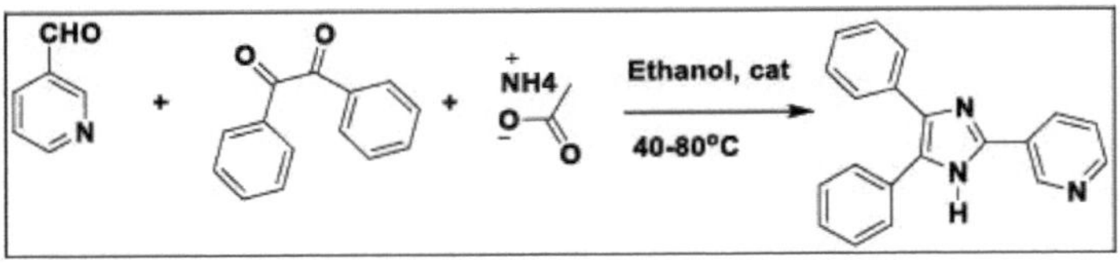

Figura 2. Síntese do derivado de imidazol.

Com o objetivo de criar inibidores da polimerização da tubulina e medicamentos anticancerígenos, Sara Rahimzadeh-Oskuei et al. [9] desenvolveram e produziram novos compostos imidazol-chalcona. Utilizando várias linhas celulares de cancro humano, tais como A549 (células epiteliais basais alveolares adenocarcinoma humano), MCF-7 (células de cancro da mama humano), MCF-7/MX (células de cancro da mama humano resistentes ao metotrexato) e HEPG2 (células de carcinoma hepatocelular humano), foi avaliada a atividade antiproliferativa da imidazol-chalcona. Em geral, os análogos imidazol-chalcona mostraram maior citotoxicidade contra as células cancerígenas A549 quando comparados com as outras três linhas celulares. Os compostos 9j' e 9g, em particular, demonstraram uma citotoxicidade notável contra todas as quatro células de carcinoma humano, com valores IC50 que variaram entre 7,05 e 63,43 LIM [9].

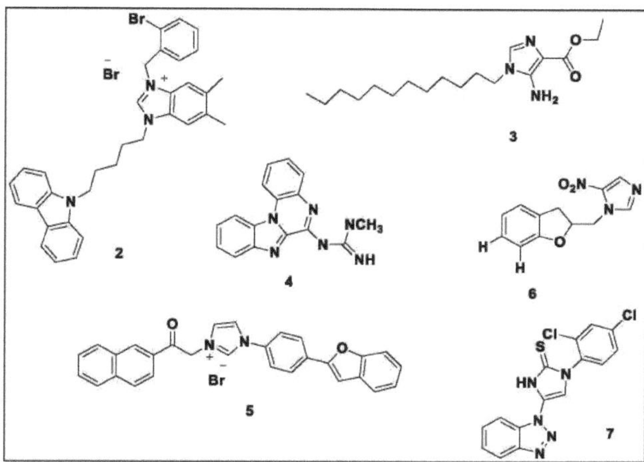

Figura-3. Alguns anéis imidazólicos que contêm moléculas de fármacos anticancerígenos

Um conjunto de blocos de construção de 5-amino-1-N-substituído-imidazol-4-carboxilato foi preparado por Zukela-Ruzi e testado quanto à sua capacidade de inibir o crescimento de linhas celulares de cancro humano, tais como a linha celular de cancro cervical HeLa, a linha celular de cancro do pulmão A549, a célula de cancro do cólon HCT-15 e a célula de cancro da mama MDA-MB-231. Em 1858, Heinrich Debus criou o primeiro imidazol misturando formaldeído e glioxal com amoníaco. Atualmente, os derivados de imidazol são amplamente utilizados numa variedade de tratamentos e têm suscitado grande interesse nos últimos tempos. Foi demonstrado que os compostos híbridos à base de imidazol proporcionam uma série de benefícios terapêuticos, incluindo actividades anticancerígenas, antidiabéticas, anti-HIV, antimicobacterianas, analgésicas, anti-inflamatórias e antiprotozoárias[12].

Os compostos de carbazol à base de carbazol-imidazol foram sintetizados por Liu et al. (2015) e a sua eficácia anticancerígena foi avaliada contra uma série de tipos de células. SW480, HL-60, SMMC-7721, A549 e MCF-7. Com valores de IC50 de 0,51 a 2,38, 3,12, 1,40 e 2,48 pM, o composto 2 apresentou o nível mais elevado de atividade entre os derivados de carbazol fabricados, enquanto o composto de referência, cisplatina (DDP), apresentou valores de IC50 de 1,32 a 6,24, 11,83 a 15,17 a 12,95 pM. Além disso, com um IC50 de 0,51 pM, o Composto 2 resultou na paragem do ciclo celular nas células SMMC-7721 [13].

Para utilização como fármacos anticancerígenos, Ruzi et al. (2021) produziram imidazol como derivados com componentes estruturais de imidazol-4-carboxilato de etilo 5-amino-1-N-substituído. Utilizando as linhas celulares HeLa, HT-29, A549, HCT-15 e MDA-MB-31, o composto 3 exibiu a atividade anticancerígena mais forte, com valores de C50 de 0,81, 1,77, 15,22, 17,92 e 5,48 pM. Os valores de IC50 do medicamento de referência doxorrubicina foram 0,1, 0,03, 1,1, 0,27 e 0,51 pM, por esta ordem[14]. Singh et al. (2021) avaliaram as propriedades anticancerígenas de análogos de benz[4,5]imidazo[1,2-a]quinoxalina substituídos por C6 e prepararam-nos e publicaram-nos.

O composto 4 demonstrou uma eficácia anticancerígena notável contra as linhas celulares MDA-MB-231, MDA-MB-486, MCF-7 e MCF12A, com valores de IC50 de 14,62, 4,78, 1,55 e 1,04 pM, em conformidade Em contraste, a cisplatina de controlo apresentou valores de IC50 de 3,26, 1,43 e 4,23 pM em oposição às linhas celulares MDA-MB-231, MDA-MB-486 e MCF-7, correspondentemente [15]. Yang et al. (2012) criaram um número único de 2-fenilbenzofurano e imidazol como híbridos. Alguns deles, o composto 5, mostraram uma boa atividade in vitro contra várias linhas celulares de cancro, com valores IC50 de 1,65, 3,38, 5,87, 10,93 e 2,49 pM contra SMMC-7721, SW480, MCF-7, A549 e HL-60, respetivamente; em contraste, o agente de controlo cisplatina (DPP) mostrou valores IC50 de 8,86, 15,92, 1,65, 11,68 e 1,81 pM. O composto 5 superou o DPP normal em termos de atividade citotóxica e boa atividade antitumoral [16]. Song et al. (2012) criaram uma variedade de híbridos únicos usando imidazol e benzofurano 2-substituído. A linha celular do carcinoma do ovário (Skov-3), a leucemia (HL-60) e o carcinoma da mama (MCF-7) estavam entre o painel de linhas celulares tumorais humanas utilizadas para investigar a atividade anticancerígena in vitro dos híbridos fabricados. Descobriu-se que o Composto 5 era mais seletivo do que o DPP normal. Utilizando o medicamento de referência Cisplatina (DDP), o composto 6 demonstrou uma atividade mais potente com valores IC50 de 9,5, 8,4 e 11,8 pM (valores IC50 de 8,9, 5,5 e 13,0 pM, respetivamente) [17]. Khayyat et al. (2021) relataram a conceção, síntese e avaliação anti-proliferativa de novos compostos de benzotriazol ligados a imidazol-tiona contra linhas celulares MCF-7, HL-60, HCT-116 e HUVEC. O composto 7 foi o fármaco anticancerígeno mais promissor, com valores IC50 de 3,57, 0,4, 2,63 e 118,9 pM, respetivamente, de acordo com os resultados do rastreio da atividade anticancerígena. O medicamento de referência, CA-4, tem valores de IC50 de 0,58, 0,77, 0,24 e 13,6 pM, por esta ordem [18]. Kumar et al. (2022) produziram derivados imidazólicos à base de quinazolina e testaram a sua eficácia anticancerígena contra HT-29 e o recetor do fator de crescimento epidérmico (EGFR) em ambientes normóxicos e hipóxicos. A maioria das substâncias sintéticas tinha fortes propriedades anticancerígenas. O composto 8 foi o mais ativo de todos, apresentando valores de IC50 de 2,21 p.M e 0,47 p.M, respetivamente, em comparação com os valores de IC50 do gefitinib de controlo do EGFR de 0,45 p.M e 3,63 p.M e 5,21 p.M contra a normóxia e a hipoxia em células HT-29. [19] O imidazol e os análogos derivados de purinas foram sintetizados por Kalra et al. (2021) como fármacos anticancerígenos. Utilizando o ensaio MTT, estes são examinados quanto à sua capacidade de inibir o crescimento de várias linhas celulares cancerígenas, tais como MDA-MB-231, T47D, MCF-7, A549 e HT-29. Os valores IC50 do Composto 9 foram 36,7, 9,96, 5,17, 2,29 e 3,29 p.M., enquanto o Erlotinib, o controlo, apresentou valores IC50 de 5,46, 9,80, >30,00, 1,04 e 4,63 p.M., respetivamente. Com um valor IC50 de 2,29 p.M, o composto 9 teve a maior eficácia anticancerígena contra as linhas celulares A549 [20]. Taheri et al. (2020) desenvolveram e relataram compostos de imidazol que têm potenciais propriedades anticancerígenas. As linhas celulares MCF-7, HT-29 e HeLa foram eficazmente afectadas citotoxicamente pelos derivados de imidazol. Os efeitos citotóxicos dos produtos químicos em diferentes linhas celulares foram os seguintes: MCF7 > HT-29 > HeLa. O composto 10 teve a maior potência, com valores IC50 de 2,5, 5,36 e 4,03 p.M, por esta ordem. Como controlo positivo, foi utilizada a doxorrubicina; os seus valores de IC50 foram de 1,4 p.M, 0,7 p.M e 0,9 p.M, respetivamente [21]. Novos compostos de chalcona imidazol foram criados por Oskuei et al. (2021), que também realizaram testes MTT em quatro linhas de células cancerígenas: A549, MCF-7, HEPG2 e MCF-7/MX.

. Com valores de IC50 de 7,05, 9,88, 20,2 e 3,86 p.M, verificou-se que o composto11 exibia uma citotoxicidade substancial entre eles, enquanto os valores de IC50 da combretastatina eram de 0,86, 0,43, 0,63 e 1,49 p.M, respetivamente [22]. Wang et al. (2013) criaram os novos compostos de imidazol e 2-benzilbenzofurano e avaliaram o seu funcionamento contra várias linhas de cancro, incluindo HL-60, A549, SW480, MCF-7 e SMMC-7721. Entre os compostos sintéticos, o composto 12 apresentou fortes efeitos citotóxicos, com valores IC50 de 1,02, 3,57, 3,55, 2,29 e 3,09 p.M. em comparação com o controlo DDP (valores IC50 de 3,10, 13,61, 12,32, 10,64 e 14,75 p.M.). Os scaffolds de imidazol, 2-metil-imidazol ou 2-etil-imidazol entre os compostos produzidos tiveram poucos efeitos nocivos. O composto 12 demonstrou seletividade para MCF-7 e SMMC-7721, apresentando valores IC50 de 1,02 e 3,09 p.M, respetivamente. [23]. Como fármacos anticancerígenos, Du et al. (2021) sintetizaram e publicaram uma nova série de híbridos heterocíclicos à base de imidazol com base em 1,3,4-oxadiazol. Com valores de IC50 de 0,7, 30,0 e 18,3 p.M contra as linhas celulares HepG2, SGC-7901 e MCF-7, o composto 13 exibiu a atividade anticâncer mais forte entre eles. Os valores IC50 do 5-fluorouracil, um medicamento padrão, foram 22,8, 28,9 e 16,7 pM, respetivamente [24]. A porção imidazol dos fármacos anticancerígenos acima mencionados (Figura 7 (43-54)) exibiu o efeito citotóxico mais forte contra tipos de células representativas. Além disso, o composto 49 apresentou o valor IC50 mais baixo contra o recetor do fator de crescimento epidérmico, medindo 0,47 pM, enquanto o gefitinib, o medicamento de controlo, teve um valor IC50 de 0,45 pM. O anel quinazolina do composto 8 foi substituído por um anel aromático que foi substituído e ligado por uma ligação amino.

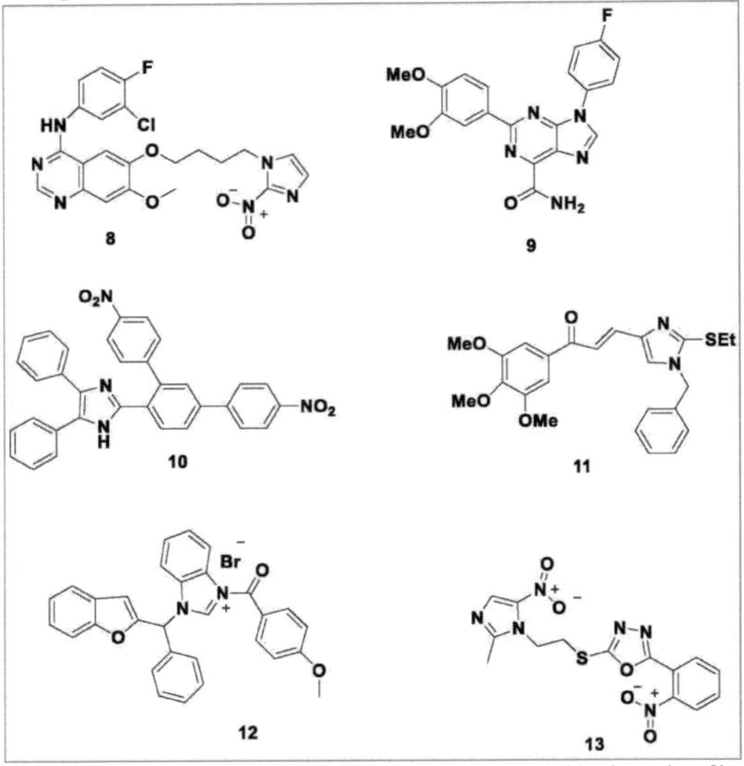

Figura- 7. Poucos anéis imidazólicos contendo moléculas de fármacos anticancerígenos

Conclusão: As moléculas derivadas do imidazol possuem qualidades terapêuticas intrigantes e potenciais para o tratamento de doenças irreversíveis, tal como evidenciado pela rápida expansão da química farmacêutica baseada no imidazol. A discussão geral de substâncias químicas activas heterocíclicas contendo azoto como medicamentos anticancerígenos será o tópico principal desta revisão.

Referência: **[1]**.N.Kumar, NidhiGoel ,Med Chem, 2022;22(19):3196-3207.

[2] . Pedro Martins,[1] Joao Jesus,[1] Sofia Santos,[1] Luis R. Raposo,[1] Catarina Roma-

Rodrigues,[1] Pedro VianaBaptista, e Alexandra R. Fernandes,, Molecules. 2015 Sep; 20(9): 16852-16891.
[3] A. Verma, S. Joshi, D. Singh, Imidazole: Tendo atividades biológicas versáteis, Journal of Chemistry, vol. 2013, Artigo ID 329412, 12 páginas, 2013.
[4] . Chen J., Wang Z., Lu Y., Dalton J. T., Miller D. D., Li W. *Bioorg. Med. Chem. Lett.* 2008;18(11):3183-3187. [PMC free article] [PubMed] [Google Scholar]
[5] Williams A. e Lemke L., *Foye's Principles of Medicinal Chemistry Fifth Edition. W: Antiviral Agents and protease inhibitors*, Lippincott Williams & Wilkins, Philadelphia, 2002. [Google Scholar]
[6] Debus H. *Justus Liebigs Ann. Chem.* 1858;107(2):199-208. [Google Scholar].
[7] Ali I., Nadeem Lone M., Alothman Z. A., Al-Warthan A., MarsinSanagi M. *Curr. Drug Targets.* 2015;16(7):711-734. [PubMed] [Google Scholar]
[8] Baladhandapani Aruchamy[a d] , Carmelo Drago[b] , Venera Russo[c] , Giovanni Mario Pitari[c] , Prasanna Ramani[a d] , T P Aneesh[e] , Sonu Benny[e] , VR Vishnu ,European Journal of Pharmaceutical Sciences, Volume 180, 1 de janeiro de 2023, 106323
[9] Sara RahimzadehOskuei a b 1, SalimehMirzaei c 1, Mohammad Reza Jafari-Nik b, FarzinHadizadeh a b, FarhadEisvand d, FatemehMosaffa a, RaziehGhodsi, Bioorganic Chemistry,Volume 112, julho de 2021, 104904
[10]V. R. Lakshmidevi Das Reeja A. RohithRajan B. Vinod , sJ. Chem. Rev., 2023, 5(3), 241-262.
[11]. Adarsh Kumar, Ankit Kumar Singh, HarshwardhanSingh ,VeenaVijayan, Deepak Kumar, JashwanthNaik , Suresh Thareja , Jagat Pal Yadav , Prateek Pathak , Maria Grishina , AmitaVerma , HabibullahKhalilullah , MariuszJaremko , Abdul-Hamid Emwas e Pradeep Kumar , 2023, 16, 299
[12]. Debus, H. Ueber die einwirkung des ammoniaks auf glyoxal. *Ann. Chem. Pharm.* **1858**, *107*, 199-208. **[Google Scholar] [CrossRef]**
[13]. Liu L.-X., Wang X.-Q., Zhou B., Yang L.-J., Li Y., Zhang H.-B., Yang X.-D.. *Sci. Rep.* 2015;5:1-20. doi: 10.1038/srep13101. [PMC artigo gratuito] [PubMed] [CrossRef] [Google Scholar]
[14]. Ruzi Z., Nie L., Bozorov K., Zhao J., AisaH.A.. *Arch. Pharm.* 2021;354:2000470. doi: 10.1002/ardp.202000470. [PubMed] [CrossRef] [Google Scholar]
[15]. Singh R., Kumar R., Pandrala M., Kaur P., Gupta S., Tailor D., Malhotra S.V., SalunkeD.B.. *Arch. Der Pharm.* 2021;354:2000393. doi: 10.1002/ardp.202000393. [PubMed] [CrossRef] [Google Scholar]
[16]. Yang X.-D., Wan W.-C., Deng X.-Y., Li Y., Yang L.-J., Li L., Zhang H.- B.. *Bioorg. Med. Chem. Lett.* 2012;22:2726-2729. doi: 10.1016/j.bmcl.2012.02.094. [PubMed] [CrossRef] [Google Scholar]
[17]. Song W.-J., Yang X.-D., Zeng X.-H., Xu X.-L., Zhang G.-L., Zhang H.-B.. *RSC Adv.* 2012;2:4612-4615. doi: 10.1039/c2ra20376f. [CrossRef] [Google Scholar]
[18]. Khayyat A.N., Mohamed K.O., Malebari A.M., El-Malah A. *5.* 2021;26:5983. doi: 10.3390/molecules26195983. [PMCfree article] [PubMed] [CrossRef] [Google Scholar]
[19]. Singh A.K., Kumar A., Singh H., Sonawane P., Paliwal H., Thareja S., Pathak P., Grishina M., Jaremko M., Emwas A.-H.. *Pharmaceuticals.* 2022;15:1071. doi: 10.3390/ph15091071. [PMC free article] [PubMed] [CrossRef] [Google Scholar]
[20]. Kalra S., Joshi G., Kumar M., Arora S., Kaur H., Singh S., Munshi A., Kumar R.. *RSCMed. Chem.* 2020; 11: 923-939. doi: 10.1039 / D0MD00146E. [PMC artigo gratuito]

[PubMed] [CrossRef] [Google Scholar]

[21]. Taheri B., Taghavi M., Zarei M., Chamkouri N., MojaddamiA.. *Bul. Chem. Soc. Ethiop.* 2020;34:377-384. doi: 10.4314/bcse.v34i2.14. [CrossRef] [Google Scholar]

[22]. Oskuei S.R., Mirzaei S., Jafari-Nik M.R., Hadizadeh F., Eisvand F., Mosaffa F., Ghodsi R. s. *Bioorg. Chem.* 2021;112:104904. doi: 10.1016/j.bioorg.2021.104904. [PubMed] [CrossRef] [Google Scholar]

[23]. Wang X.-Q., Liu L.-X., Li Y., Sun C.-J., Chen W., Li L., Zhang H.-B., Yang X.- D. *Eur. J. Med. Chem.* 2013;62:111-121. doi: 10.1016/j.ejmech.2012.12.040. [PubMed] [CrossRef] [Google Scholar]

[24]. Du Q.R., Li D.D., Pi Y.Z., Li J.R., Sun J., Fang F., Zhong W.Q., Gong H.B., Zhu H.L.. *Bioorg. Med. Chem.* 2013;21:2286-2297. doi: 10.1016/j.bmc.2013.02.008. [PubMed] [CrossRef] [Google Scholar]

CAPÍTULO 6

Microplástico: Uma Ameaça Emergente ao Ambiente e aos seus Processos de Mitigação

Dr. Chhabi Garai
Professor Assistente, Departamento de Química, Pingla Thana Mahavidyalaya
Correio eletrónico: chhabi.garai@gmail.com

Resumo: Nos últimos tempos, os microplásticos surgiram verdadeiramente como uma preocupação ambiental significativa devido à sua distribuição generalizada e natureza persistente, tornando-se uma ameaça para a saúde dos animais aquáticos, dos animais terrestres e mesmo do ser humano. Estes são provenientes de várias fontes, como sabões, têxteis, produtos de higiene pessoal e fragmentação ou degradação de artigos de plástico de maiores dimensões. A ingestão de produtos químicos tóxicos provenientes da poluição por microplásticos pelos animais aquáticos provoca danos nos órgãos digestivos, asfixia dos organismos marinhos, canal para a propagação de micróbios e redução do crescimento e da capacidade reprodutiva. Os microplásticos também podem afetar vários sistemas do corpo humano, incluindo os sistemas digestivo, respiratório, endócrino, reprodutivo e imunitário. A exposição ao microplástico acelera a evaporação da água no solo e, por conseguinte, diminui a condutividade da água no solo. Assim, para resolver esta questão, é necessário pôr em prática várias iniciativas para reduzir a poluição por microplásticos, mas há desafios que têm de ser ultrapassados, como a falta de sensibilização, a limitação de recursos e a ineficácia da regulamentação. Neste artigo de revisão, discuti várias fontes de microplástico, os seus efeitos no ambiente e nos animais e os seus diferentes processos de atenuação.

Palavras-chave: Microplástico, fonte, impacto, mitigação

1. Introdução: Os plásticos são leves e práticos, pelo que se tornaram omnipresentes na nossa vida quotidiana. A necessidade de artigos de plástico está a crescer juntamente com a população para uma variedade de utilizações humanas, incluindo embalagens, uso comercial e medicamentos. Mas como o plástico não se decompõe naturalmente, são utilizados cada vez mais, o que leva a um aumento da produção de lixo e a outras questões que representam uma séria ameaça para o ambiente. Em particular, o crescimento do plástico de utilização única desde o lançamento da COVID-19 é referido como "esfregar sal nas feridas".[1] Os plásticos são derivados de diferentes fontes primárias e secundárias e categorizados com base no seu tamanho de partícula, origem e processo de fragmentação. De acordo com os critérios de classificação da norma ISO, os plásticos de dimensão superior a 5 mm são designados por macroplásticos ou plásticos de maiores dimensões, os de dimensão compreendida entre 1 p.m e 5 mm são designados por "microplásticos (MP)" e os plásticos de dimensão inferior a 1 g são designados por "nanoplásticos". Estas partículas minúsculas podem passar pela filtragem da água e causar um enorme impacto na vida marinha e no ecossistema. Os animais marinhos ingerem microplásticos com os seus alimentos, o que lhes causa sérios danos à vida ou à morte. Os plásticos que se acumulam no solo podem sofrer degradação por ação do tempo, resultando na formação de micropartículas. Estas partículas misturam-se com o ar ou podem ser transportadas para a água pelo vento ou pelas ondas. Quando os microplásticos se deslocam para o meio aquático, podem ser consumidos por diferentes criaturas aquáticas, como o plâncton e os mamíferos marinhos, como os peixes, o que provoca efeitos adversos na sua fisiologia e comportamento. [2]

Por conseguinte, os microplásticos podem existir no ar interior, na água potável, no sal marinho e nos alimentos de origem marinha e não só os animais marinhos são afectados pelos microplásticos, como também os animais domésticos terrestres estão igualmente expostos aos microplásticos. Estes contaminam a cadeia alimentar que actua como sentinela da exposição humana. Os microplásticos podem causar vários efeitos nocivos para a saúde, como bloqueios internos e danos nos tecidos, e podem também perturbar as redes alimentares, alterar o ciclo dos nutrientes e contribuir para a redução da biodiversidade, suscitando preocupações quanto aos potenciais efeitos adversos para a saúde animal e para o ambiente. Estes microplásticos podem atrair e concentrar poluentes orgânicos persistentes do meio envolvente, o que constitui também uma das principais preocupações dos microplásticos. Em consequência da poluição por microplásticos, são necessárias estratégias de atenuação eficazes e urgentes para salvaguardar a saúde e a resiliência dos ecossistemas.

2. Fontes de microplásticos: Os microplásticos são disseminados no ambiente a partir de dois tipos de fontes principais, uma primária e outra secundária. As partículas minúsculas de microplásticos concebidas para utilização comercial, como os cosméticos, bem como as microfibras provenientes do vestuário e de outros têxteis, como as redes de pesca, são conhecidas como microplásticos primários e estas fontes são consideradas fontes primárias de microplásticos.

2.1 Fontes primárias

Paletes de plástico: Uma variedade de produtos de plástico é fabricada utilizando paletes de plástico de formato regular com diâmetros que variam entre 2 e 5 mm. Estas pellets de plástico são guardadas, expedidas e processadas como produtos semi-acabados. Estas partículas de plástico são amplamente utilizadas em materiais de construção, electrodomésticos, fabrico de vestuário, sector químico e agricultura, entre outras áreas da vida quotidiana. Têm aplicação nas indústrias eléctrica, de telecomunicações, automóvel e de equipamento médico. Os granulados de plástico permanecem no ambiente após a sua libertação porque se decompõem muito lentamente. Além disso, devido ao seu tamanho minúsculo, são facilmente consumidos por peixes e aves e espalham-se rapidamente pela cadeia alimentar, pondo em perigo a saúde humana.[3]

Produtos de higiene pessoal: Os MPs que foram reduzidos a pequenas partículas são conhecidos como microesferas. Os pigmentos sintéticos que são adicionados aos produtos de higiene pessoal para produzir efeitos cosméticos, incluindo limpeza, branqueamento e esfoliação - a remoção da pele morta - podem ser facilmente substituídos por microesferas. As microesferas de plástico encontram-se em muitos produtos de higiene pessoal e cosméticos, incluindo pasta de dentes, gel de banho, protetor solar, tinta para o cabelo e produtos de limpeza para o rosto. Como as microesferas são microscópicas, insolúveis na água e se degradam lentamente, entram normalmente na rede de esgotos quando as águas residuais são lavadas.[4]

Tinta: Pigmentos, cargas, solventes e vestígios de aditivos úteis são os ingredientes habituais da tinta. Dependendo do tipo e da finalidade da tinta, existem inúmeras variedades disponíveis. Por exemplo, com base na utilização a que se destinam, podem ser classificadas como revestimentos para arquitetura, automóveis, aviões ou marinha. Do mesmo modo, com base no material utilizado para formar a película, podem ser subdivididas em tinta de resina natural, tinta fenólica, tinta alquídica, tinta amino, tinta nitro, tinta epóxi, tinta de borracha clorada, tinta acrílica, tinta de poliuretano, tinta de silicone orgânico e tinta de silicone. Numerosos estudos demonstraram que, quando uma camada de tinta é aplicada a uma superfície, pode resultar na formação de partículas de plástico minúsculas, que podem mais tarde ser libertadas para o ambiente em resultado do envelhecimento, da erosão e da abrasão. A pintura é, portanto, uma das principais fontes.[5] **Águas residuais de lavagem**

As microfibras de plástico, que provêm do desprendimento de têxteis, são libertadas no ambiente em quantidades significativas através da lavagem de águas residuais, incluindo as águas residuais das máquinas de lavar roupa e das habitações. Quando as lamas ou os efluentes das máquinas de lavar roupa chegam aos rios, ao solo e ao oceano, libertam microfibras de plástico no ecossistema.[6]

Estações de tratamento de águas residuais

Grandes volumes de efluentes de escoamento superficial, esgotos industriais e domésticos são despejados em estações de tratamento de esgotos. Estes efluentes podem conter diferentes tipos de microplásticos (MPs) provenientes do fabrico de plásticos, artigos de higiene pessoal, produtos químicos de lavandaria, desgaste de pneus de automóveis e outros processos industriais. Apesar do facto de o tratamento das águas residuais poder remover mais de 90% dos MPs presentes nas águas residuais, pensa-se que os efluentes das estações de tratamento de águas residuais são uma das principais fontes de MPs nas águas naturais, uma vez que são imediatamente descarregados em quantidades significativas nas águas superficiais.[7]

A presença de MPs nas lamas de depuração deve-se principalmente ao facto de os MPs se afundarem fisicamente nas lamas durante o processo de tratamento. Por conseguinte, a composição dos MP encontrados nas lamas é semelhante à dos encontrados nos efluentes.

Para além destas, outras fontes primárias de MP são as pistas de corrida de plástico, a relva artificial, as estradas de borracha nas cidades, o desgaste dos pneus dos veículos, etc.

2.2 Fontes secundárias

As fontes secundárias de microplástico são uma fonte significativa de microplástico ambiental, tais como

Sacos de plástico

Os sacos de plástico são sacos compostos por diferentes matérias-primas plásticas combinadas com outros materiais e selados ou unidos com calor. Uma vez que os sacos de plástico são amplamente utilizados para fins comerciais, uma grande quantidade de sacos de plástico tem sido descartada no ambiente, acabando nas auto-estradas, nas margens dos rios e nos terrenos circundantes das cidades. Estes sacos aumentam a concentração de MP no ambiente devido ao seu ciclo de degradação extraordinariamente longo.

Garrafas de plástico

As garrafas de plástico são feitas de PET, PE e PP, entre outros tipos de plástico. Estas garrafas são fabricadas aquecendo o componente plástico a uma temperatura elevada, misturando-o com um solvente orgânico adequado e, em seguida, utilizando a moldagem por sopro, a extrusão por sopro ou a moldagem por injeção para construir um molde de plástico. As garrafas de plástico descartáveis são principalmente utilizadas para conter líquidos ou sólidos, incluindo água potável, pickles, mel, frutos secos, óleos comestíveis e medicamentos agrícolas e veterinários. A reciclagem de garrafas de água de plástico aumentou recentemente em resultado dos avanços na separação do lixo, da sensibilização ambiental e da adoção de leis de proteção ambiental.

Louça de plástico descartável

A loiça de plástico descartável é fabricada por moldagem termoplástica de resina ou de outros materiais termoplásticos. Destina-se a ser utilizada para refeições ou outras ocasiões semelhantes. As lancheiras, pratos, pires, palhinhas, facas, garfos, colheres, chávenas, tigelas e latas são exemplos de loiça de plástico descartável. Sofrem uma degradação parcial e, por conseguinte, são uma fonte de poluentes microplásticos no ambiente.

Embalagens de plástico

O termo "embalagem de plástico" descreve o revestimento de um objeto com plástico para preservar as suas características originais e o seu valor enquanto é transportado, armazenado e distribuído. Materiais de embalagem, tais como caixas, sacos, películas, etc. Tudo na vida é embalado em plástico, incluindo alimentos, toalhas de papel, roupas e outros artigos. Foram encontradas no ambiente grandes quantidades de polímeros microplásticos, incluindo PE, PP e PS, que são frequentemente utilizados em embalagens.

3. Impactos dos microplásticos no ambiente e na saúde humana

Os microplásticos têm um efeito substancial em toda a vida terrestre e marinha, incluindo os seres humanos e até os organismos mais pequenos. A conclusão é que os microplásticos têm um impacto em todo o ecossistema. Devido à dimensão microscópica das suas partículas, estes são confundidos com alimentos por uma variedade de biota aquática, incluindo peixes, ouriços-do-mar, corais, fitoplânctons e zooplânctons. Como resultado, acabam por ser transportados para níveis tropicais mais elevados. A vida marinha é fisicamente afetada por esta situação, sofrendo lesões nos órgãos internos e obstruções do aparelho digestivo. A poluição por microplásticos representa uma séria ameaça para os ecossistemas costeiros, incluindo os recifes de coral, uma vez que a maioria dos fragmentos de microplásticos que entram no ambiente provêm de fontes terrestres. Os microplásticos causam lesões nos corais ao fazer com que os fragmentos de plástico permaneçam no tecido mesentérico.[8]

Os microplásticos também afectam negativamente os plânctons, que são a componente mais essencial do ecossistema marinho. A penetração dos microplásticos nas paredes celulares do fitoplâncton está a provocar uma diminuição da absorção de clorofila. Além disso, o plâncton heterotrófico exposto aos microplásticos sofre fagocitose. Quando os zooplânctons consomem microplásticos, tornam-se menos capazes de se alimentar e crescer. Os peixes que consomem microplásticos sofrem alterações no seu metabolismo, como o aumento ou a diminuição dos níveis de ácidos gordos e aminoácidos, respetivamente. Os peixes que consomem micro e nanoplásticos apresentam alterações nos níveis séricos de triglicéridos e colesterol no sangue, bem como diferenças na distribuição do colesterol entre o músculo e o fígado dos peixes.[9]

Devido aos efeitos nocivos da ingestão de microplásticos, as aves marinhas estão em perigo de extinção e o efeito tóxico dos fragmentos de plástico tem efeitos negativos no seu organismo, podendo causar alterações no comportamento alimentar, na reprodução e na mortalidade.[10] As grandes criaturas do biota marinho, que incluem tubarões, baleias, focas, tartarugas marinhas e ursos polares, também são vulneráveis à ingestão de microplásticos nos oceanos de todo o mundo.

Os microplásticos representam uma séria ameaça para as criaturas terrestres e para o ecossistema aquático. A ingestão de microplásticos pode prejudicar fisicamente as pequenas aves, provocando lacerações ou irritação dos tecidos gastrointestinais sensíveis, bem como a obstrução do trato gastrointestinal (GI). Quando consumidos, os microplásticos podem dar a impressão de satisfação, embora não alimentem de forma alguma a vida terrestre. A ingestão de microplásticos pode diminuir o estado físico de um animal, o que aumenta o risco de doença e morte. Além disso, podem afetar o sucesso da reprodução, o que pode afetar a dinâmica da população.

As substâncias tóxicas que põem em perigo a vida na Terra podem entrar e sair dos microplásticos. À medida que os plásticos se decompõem, os aditivos químicos e os metais pesados escapam e contaminam o ambiente. Além disso, os poluentes e os metais pesados do ambiente podem ser incorporados nas partículas de microplástico e subsequentemente absorvidos pelos seres vivos. Este facto pode causar a bioacumulação destas toxinas e torná-las mais amplas, estendendo assim os efeitos nocivos dos microplásticos a toda a cadeia alimentar.[11]

Quando os microplásticos pousam na superfície do solo, os factores extrínsecos, incluindo a bioturbação e a atividade humana, têm a capacidade de os integrar instantaneamente na matriz do solo. Desta assimilação podem resultar alterações na textura e na estrutura do solo. Devido, em grande parte, ao facto de os polímeros comerciais serem normalmente menos espessos do que as partículas de solo normais, podem observar-se alterações visíveis na composição e na estrutura do solo em solos altamente poluídos. Os microplásticos também podem ter um impacto nas plantas terrestres porque podem modificar atributos do solo como a humidade, a densidade, a estrutura e o teor de nutrientes. Estas alterações podem então ter um impacto no crescimento das plantas, nas características das raízes e na absorção de nutrientes.

Os seres humanos não são imunes aos efeitos do microplástico, porque respiram continuamente microplástico e consomem marisco contaminado, como peixe e marisco. De facto, foram descobertos microplásticos na água engarrafada, na água da torneira e até em alimentos e bebidas muito consumidos, como a cerveja e o sal. Estes artigos contêm substâncias químicas que se podem infiltrar no nosso organismo e provocar problemas de saúde graves, como cancro, resistência à insulina, aumento de peso, perturbações endócrinas e redução da saúde reprodutiva.[12]

4. Caracterização química de microplásticos

Existem vários compostos poliméricos presentes em polímeros como PA (poliamida), PES (poliéster), PP (polipropileno), LDPE (polietileno de baixa densidade 70

polietileno), PET (polietileno tereftalato), PS (poliestireno), PU (poliuretano) e PC (policarbonato), ftalatos, éteres difenílicos polibromados (PBDE) e tetrabromobisfenol A (TBBPA), etc.

Os MP são extraídos ou separados do solo, das lamas, dos sedimentos e da água através de uma variedade de técnicas. Mas não existem técnicas adequadas amplamente reconhecidas para identificar e quantificar MP e NP. A identificação de microplásticos requer frequentemente um processo em várias etapas. Após a digestão, os materiais são primeiro isolados fisicamente de quaisquer potenciais microplásticos, utilizando técnicas de densidade ou de filtração. Subsequentemente, são utilizadas várias microscopias, como a ótica, a de fluorescência e a eletrónica de varrimento, para iniciar o processo de identificação. Para confirmar a composição, é subsequentemente efectuado um teste químico ao microplástico suspeito. A combinação da microscopia ótica com técnicas instrumentais que fornecem informações químicas permite o rastreio rápido e eficiente de grandes quantidades de partículas de microplástico com menor possibilidade de erros de identificação. Um problema recorrente na caraterização química e física das partículas de microplástico é a falta de informação suficiente de uma única técnica para caraterizar as MPs em pormenor. Assim, são normalmente utilizadas várias técnicas em conjunto para uma análise bem sucedida.[13]

5. Estratégias de atenuação

Devido ao grave efeito da poluição por microplásticos no ambiente aquático e terrestre e no ser humano, é urgente tomar as medidas necessárias para reduzir esta poluição por MP e salvar o nosso planeta. É impossível acabar com a poluição por MP, mas esta pode ser reduzida através da aplicação de vários processos de atenuação. Para controlar a poluição causada pelos plásticos, foram adoptadas várias iniciativas, como a melhoria da gestão dos resíduos, o tratamento das águas residuais, a conceção e o desenvolvimento inovadores, etc., e a regulamentação relativa aos plásticos de utilização única e à utilização industrial de microesferas (como a proibição, a redução progressiva ou a restrição da utilização de plásticos de utilização única, a proibição da utilização de microesferas em produtos de higiene pessoal, etc.). Algumas destas estratégias são analisadas a seguir.

Gestão de resíduos: A gestão de resíduos baseia-se na hierarquia dos 4R (reduzir, reutilizar, reciclar e recuperar). A melhor maneira de evitar a produção de microplásticos é reduzir a quantidade de resíduos de plástico. Isto pode ser feito reduzindo a produção de materiais plásticos, utilizando materiais alternativos como o vidro, o cartão ou outros produtos recicláveis ou biodegradáveis, bem como reutilizando os plásticos eliminados através da criação de outros produtos. A eliminação da maior parte dos plásticos de utilização única, como os sacos de compras e as garrafas de água, também ajudaria a reduzir o impacto ambiental. Outra alternativa é a reciclagem, que poupa recursos e energia, bem como reduz as emissões poluentes, beneficiando assim a sociedade e o ambiente. A redução das embalagens de plástico e o aumento da reutilização e da reciclagem de certos plásticos podem trazer alguns benefícios a esta questão global.

Melhorar a eficiência da produção

A utilização de plásticos pode ser reduzida (1) utilizando materiais alternativos (por exemplo, vidro), reciclados ou materiais biodegradáveis não plásticos; (2) melhorando a conceção para reduzir a quantidade de plástico utilizado, prolongar a vida útil do produto, permitir a sua reparação e reutilização e melhorar a sua reciclabilidade, limitando o número de polímeros, aditivos e misturas; e (3) proibindo certos tipos de plásticos de utilização única, tornando as tampas inseparáveis das garrafas de plástico para aumentar a sua eliminação correcta.

A avaliação do ciclo de vida é uma ferramenta utilizada para avaliar o impacto ambiental de um produto ou processo do princípio ao fim e identificar oportunidades de melhoria estratégica, tais como soluções sustentáveis para evitar substituições lamentáveis, impactos sociais e na cadeia de abastecimento. As melhorias sugeridas no que respeita à sustentabilidade dos plásticos incluem a reciclagem e a reutilização. Por exemplo, o aumento da reciclagem das garrafas PET em 25%-50% diminuiria o seu impacto ambiental em 5%-230%.[14]

Substituição de produtos

A substituição de produtos pode levar a uma diminuição significativa da utilização de plástico e da produção de lixo. Ao avaliar a sua utilização de artigos de plástico e ao encontrar substitutos viáveis com materiais alternativos como o vidro ou o aço, o papel/cartão ou materiais biodegradáveis não plásticos, as empresas e os consumidores individuais podem diminuir o seu efeito ambiental. Os recipientes de esferovite para take-away, os sacos para sanduíches, o papel de embrulho, a maioria dos sacos de plástico dos supermercados e os materiais de embalagem de espuma são exemplos de produtos de plástico comuns que atualmente não são recicláveis. O impacto ambiental da MP e a quantidade de lixo que tem de ser eliminado serão grandemente reduzidos se se passar a utilizar sacos reutilizáveis e recipientes para alimentos e bebidas em vez de produtos de plástico de utilização única ou de qualidade inferior.

Consciência social e políticas governamentais

O fabrico, a utilização e a eliminação de resíduos de vários materiais plásticos devem adotar procedimentos sustentáveis e éticos, a fim de atenuar os problemas globais associados à poluição por MP. Para tal, é necessário sensibilizar as pessoas para os impactos da poluição por microplásticos e aplicar várias iniciativas adoptadas pelos governos para combater a poluição por plásticos, como

1. educar os consumidores sobre a natureza e as consequências das MP e dos seus materiais de origem.
2. mudanças de comportamento utilizando técnicas psicológicas e políticas
3. avaliação do ciclo de vida dos produtos de plástico de utilização única disponíveis no mercado para eventual substituição ou eliminação
4. criação de materiais de substituição recicláveis, reutilizáveis ou favoráveis ao ambiente
5. criação e crescimento de instalações para reciclagem, despejo e reutilização
6. criação de técnicas de reciclagem de vanguarda com menor impacto negativo no ambiente

Remediação de microplásticos

Foram utilizados vários métodos, como processos de oxidação avançados, fotocatálise, micro-ondas e bioremediação, para degradar/eliminar microplásticos (MPs) do solo e da água. As partículas de plástico são degradadas pelo processo de fotocatálise, formando grupos carbonilo e carboxilo através da oxidação, que acabam por ser foto-oxidados em compostos orgânicos voláteis, CO_2 e H_2O. Utilizando um catalisador à base de ferro e assistência por micro-ondas, o plástico moído foi convertido em hidrogénio e, principalmente, em nanotubos de carbono em 30 a 90 segundos. Por outro lado, numa simulação em ambiente natural, o processo de fotocatálise (Nb_2O_5) produziu CH_3COOH e transformou totalmente os resíduos de plástico em CO_2 sem necessidade de agentes de sacrifício.[15]

7. **Conclusão:** Em conclusão, pode dizer-se que os microplásticos são comuns, persistentes e abundantes em todo o mundo. Constituem um perigo grave que exige uma resposta internacional, especialmente quando combinados com

concentrações crescentes de contaminantes químicos aquáticos que são facilmente absorvidos e condensados em microplásticos, que os organismos aquáticos podem devorar sem discriminação. Os contaminantes químicos que se fixaram nos microplásticos e os aditivos químicos adicionados durante a produção de plásticos podem infiltrar-se nos tecidos da biota aquática a partir dos microplásticos, bioacumulando-se nos níveis tróficos superiores e até nos seres humanos, com consequências nefastas. Por conseguinte, a fim de manter ecossistemas sustentáveis, é imperativo procurar formas viáveis de eliminar a contaminação por MP. Embora sejam tomadas várias iniciativas para reduzir a poluição por MP, como a gestão dos resíduos de plástico, a redução do lixo de plástico e a aplicação da legislação, estas medidas são insuficientes para controlar totalmente a poluição por MP. Para evitar riscos para o investimento e para o ambiente, qualquer esforço criativo para reduzir ou eliminar a poluição por MP/NP deve ser apoiado por uma avaliação de sustentabilidade mais completa.

8. Referências

1 A.H. Anik, S.aHossain, M. Alam, M. B. Sultan, MD. TanvirHasnine, Md. M. Rahman, *Nanotecnologia Ambiental, Monitorização e Gestão,* **2021**, 100530

2 . K. Ziani, C.B.I.Mindrican, M.Mititelu,S.M. Neacsu et al.,*Nutrients*. 2023 Feb; 15(3): 617

3 . G. Cole, C. Sherrington (2016) Study to quantify pellet emission in the UK (Estudo para quantificar a emissão de pellets no Reino Unido). Eunomia, Bristol

4 . PNUA (2015) Plástico nos cosméticos

5 . T. Wang, B.J. Li, X.Q. Zou, Y. Wang, Y.L. Li, et al., *Water Res.,* **2019**, 162 (1):214-224. https://doi.Org/10.1016/j.watres.2019.06.042

6 . P.K. Cheung, L. Fok, *Water Res.,* **2017**, 122:53-61. https://doi.Org/10.1016/j.watres. 2017.05.053

7 . F. Murphy, C. Ewins, F. Carbonnier, B. Quinn, *Environ Sci Technol*, **2016**, 50(11):5800-5808.

8 . J. Reichert, J. Schellenberg, P. Schubert e T. Wilke, *Environmental Pollution*, **2017**, DOI.org/10.1016/j. envpol.2017.11.006, 2017

9 . T. Cedervall, L.A.Hansson, M. Lard, B.Frohm e S. Linse, *PLoS One*, **2012**, DOI.org/10.1371/journal. pone.0032254,

10 . C.Wilcox, E. V.Sebille e B. Denise Hardesty, Threat of plastic pollution to seabirds is global, pervasive, and increasing, Proceeding of National Academy of Sciences: USA, DOI. org/10.1073/pnas.1502108112, 2015,

11 . Ambiente e alterações climáticas do Canadá. (2020). Avaliação científica da poluição por plásticos. Governo do Canadá. https://www.canada.ca/en/environment-climatechange/services/evaluating-existing-substances/science-assessment-plastic- pollution. html.

12 . https://www.undp.org/kosovo/blog/microplastics-human-health-how-much-do- they-harm-us

13 . S. Sarkar, H. Diab, e J. Thompson, *Int J Environ Res Public Health*. **2023**, 20(3): 1745.

14 . Rede do Dia da Terra. 2022b. "Ficha informativa: Single use plastics". Earth Day Network, acedido em

10 de junho de 2022. https://www.earthday.Org/fact-sheet-single-use-plastics/#_ftn3.
15 . X. Jiao, K. Zheng, Q. Chen, X. Li, Y. Li, W. Shao, J. Xu, J. Zhu, Y. Pan e Y. Sun, Angew. Chem., Int. Ed., 2020, 59, 15497- 15501.
$^{l}Q_t <^{Q} i < u_{Qi}\ ,^{l}r_t \quad << ur,$

Printed by Books on Demand GmbH, Norderstedt / Germany